日本藥妝美研購7

日本藥妝 現在就正發！

走

一起買藥妝去！

日本藥粧研究家
鄭世彬 著

你多久沒去日本了呢？

在新冠疫情影響下，世界各國都經歷過限制外國旅客入境的階段。隨著疫情逐漸穩定，世界各地已相繼開放邊境，而日本也終於在2022年10月11日恢復受理自由行觀光客入境。對於大多數人來說，這是一則等待超過兩年半的大好消息！

把時間拉回到2022年4月15日，這天筆者在順利申請到商務簽證後，抱著忐忑不安的心情，回到處於半鎖國狀態的東京。此時政策尚不明朗，不管是我們或是日本製藥公司和美妝廠商，都不能確定海外觀光客何時可以重返日本，也正因為如此，廠商接受採訪的態度顯得保守許多。

所以在這趟為期兩個半月的採訪期間，進度其實相當緩慢。我們唯一能做的事情，就是為日本廠商打氣，告訴他們所有台灣的讀者都很想念日本，未來一旦開放邊境，大家必定會馬上重返日本，瘋狂地血拚採購與享受美食。同時間，我也著手整理廠商所提供

　的各種訊息，為的就是能在國際恢復自由行的第一時間，就把大家所需的藥妝資訊集結成冊，方便讀者能按圖索驥，在採買藥妝時更加便利，也更節省時間。

　　到了2022年8月31日，國際間的旅遊限制更加鬆綁，但台日兩地的開放時程仍處於「只聞樓梯響」的階段。不過直覺告訴我，自由行開放以及取消回國隔離的時間差不多到了，於是再次向眾多廠商提出採訪申請。這次的採訪過程稍微順利一些，但還是有不少廠商抱持悲觀看法，對於採訪申請的回覆態度顯得相當消極。迫於無奈，我們只能一邊採訪，一邊繼續拼湊著零碎的資訊。

　　就在9月的某一天，日本及台灣相繼發表開放海外旅客入境，而且入境時也不再需要強制隔離。一切都來得如此突然，但令人十分欣喜。這時證明，我們從4月大環境悲觀氛圍中一路堅持過來的努力沒有白費！

　　就在快寫完這本書的時候，來自台灣、香港及泰國等地的亞洲旅客，相繼出現在日本街頭的藥妝店裡。在巡店進行市調的過程中，時不時就會看見台灣人提著滿滿的購物籃，同時拿著手機跟親友連線的景象。

　　看到這一幕，我激動地想大喊：**歡迎回來日本！**

　　很高興，日本藥粧研究室能在台日開放邊境後的第一時間出版此書。希望這本書，能在為大家重拾日本藥妝記憶的同時，補足這些年日本上市的新品訊息。

　　　看到這邊，你已經準備好衝一趟日本了嗎？

日本藥粧研究家・鄭 世彬

目次
CON TENTS

CHAPTER 1

趨勢大頭條

日本藥妝

KATE
不受世俗規則束縛
自己決定自我風格的日本彩妝品牌

　　「no more rules.」，是誕生於1997年，來自佳麗寶化妝品的彩妝品牌「KATE」的品牌核心，主張彩妝不該被世俗規則所束縛，而是要由自己決定屬於自己的顏色，讓每個人都能在保有自我風格的狀態下，自由自在地享受彩妝所帶來的樂趣。2014年，品牌LOGO上加入了TOKYO字樣，自此便以『KATE　TOKYO』之名進軍國際，成為向全世界傳遞流行訊息的日本彩妝品牌。

　　自品牌誕生以來，KATE就因為能巧妙活用流行元素推出各種顏色，同時也因為人人都能簡單上手、發色度極美等高機能，成為日本彩妝界的人氣王。接下來，就讓我們透過KATE最具代表性的眼影、修容餅、睫毛膏等經典商品，一起來回顧日本歷年來的彩妝主流吧！

90年代後半
KATE誕生！

　　1999年上市之初，KATE所推出的眼影盤「魔幻眼影」曾創下2個月銷售100萬組的傳說紀錄。冷色系以及大顆粒亮粉等元素，在時尚圈颳起一陣旋風，引領當時日本彩妝主流風格，不少愛用者甚至喜歡到包色。

2000年代
成為藥妝店開架彩妝的高人氣品牌

　　2000年代，堪稱是日本藥妝店開架彩妝百家爭鳴的黃金年代，其中最具人氣的品牌莫過於KATE。在「魔幻眼影」狂賣之後，KATE陸續推出「幻光眼影」和「魅彩眼影盒」、「漸層光眼影」等眾多熱賣單品，讓KATE幾乎成為眼影盤的代名詞。另一方面，同時期推出的眉影盤「造型眉彩餅N」，更是稱霸日本各大美妝榜。除此之外，在2017年改版上市的「3D造型眉彩餅」，迄今仍是眾多鐵粉擁戴的夢幻逸品。

2010年代
KATE TOKYO

　　進入2010年代之後，「立體五官線條」與「光澤感」，成為主流彩妝的關鍵字。打亮修容及陰影修容等活用光影的彩妝單品也深受喜愛，例如KATE所推出的「V字臉修容餅」，便是因應這股彩妝主流所推出的人氣單品。在KATE拿手的曖昧色以及優雅光澤感的襯托下，每個人都能展現自身之美。此外，透過層疊金色珠光來顯現立體光澤的眼影盤「金耀掠色眼影盒」，更是能夠激發鐵粉玩心。這一切，都讓KATE成為能夠掌握時代趨勢，立足於引領日本彩妝主流的至高地位。2014年，KATE將品牌LOGO變更為KATE TOKYO，成為馳名國際的彩妝品牌。

2020年代
引領日本彩妝潮流的重點品牌

　　進入2020年代之後，日本重點彩妝主流從原本的「強調」轉換成為自然「補足」。例如能自然打造臥蠶及雙眼皮妝感的「巧飾大眼造型筆」，以及添加仿真漆黑纖維，能讓原有睫毛看起來更長的睫毛底膏「極致大眼睫毛底膏HP」等單品，在社群網站與口碑網站上，都擁有相當高的人氣度。

怪獸級持色唇膏

就算戴口罩也不易脫色而引爆高人氣

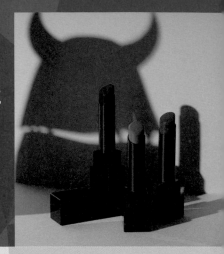

在新冠疫情影響下，日本的彩妝趨勢也出現相當大的變化，例如「怪獸級持色唇膏」就因為配戴口罩也不易脫妝，所以一上市就人氣扶搖直上，其熱門程度在日本甚至成為一種社會現象。只要簡單一塗，就能打造豐潤有光澤的雙唇，並可長時間維持剛塗好的色澤。接下來，讓我們一起看看高人氣的怪獸級持色唇膏有哪些顏色吧！

怪獸級持色唇膏全色號大公開　全14色（含Web限定色4色）　3g 1,400円

01 任性嫣紅
略帶藍色系的鮮豔粉紅。適合搭配粉色系或藕色系的彩妝！

02 甜潤果紅
適合搭配粉杏色的彩妝，能打造出具有洗鍊感的豐潤雙唇。

03 暖陽奶茶
適合搭配自然妝感，協調度與融合度極高的粉色。

04 南瓜烈酒
具有深度的赤陶棕色，很適合在平日休閒時使用。

05 乾燥無花果
能讓紅色系更顯層次感的紅棕色。

06 深夜邂逅
可以襯托秋冬妝感，讓肌膚更顯動人的暗灰紅。

07 荊棘玫瑰
優雅且略帶灰濛感的玫瑰紅，能打造令人印象深刻的唇色。

12 誓言紅寶石
顯眼的紅寶石色，能為略顯蒼白的雙唇增添迷人色澤。

13 微醺裸玫
紅色元素不會過於強烈的煙燻粉，能讓自然妝感的魅力更加分。

14 憧憬日光浴
備受關注的鮮嫩橘色系，可打造健康的妝感視覺。

012

Web限定色專區 /////////////////////////////////.

08 Web限定色
藕色微雨
帶有藍色珠光且略具慵懶感的藕色系,也很適合與其他顏色疊搽。

09 Web限定色
緋紅水晶球
搶眼的鮮紅色,能讓妝感瞬間華麗升級。

10 Web限定色
微醺好奇心
能夠營造出時尚且具有活潑俏皮感的橘紅色。

11 Web限定色
清晨微光
絕妙的時尚灰濛感,散發出沉穩氣息的棕色。

備受期待的怪獸級持色唇膏霧色版本登場! 新系列「怪獸級持色絨霧唇釉」

怪獸級持色唇膏所推出的新系列,是一款質地相當輕盈、可以打造出霧面唇妝感的全新液態唇膏!凝凍般的薄膜能夠鎖住滋潤,而液態唇膏中的油性成分,則會在塗抹後幻化為鬆軟舒芙蕾般的霧面質感。不但保留了長效持色的特點,還能輕鬆打造出漸層時尚感!

怪獸級持色絨霧唇釉全色號大公開 全5色 7g 1,500円

M0 1 **闇夜深紅**
濃密且具有深度的紅,能打造出經典妝感。稍微暈開後,則是會轉換成具休閒感的氛圍。

M0 2 **永生之櫻**
充滿輕盈感的粉色系,能讓雙唇更顯柔嫩纖細。

M0 3 **歡慶紙花**
吸睛的優雅藕色系。不會太過於顯眼,不習慣粉色系的人也很適合!

M0 4 **魅影朱月**
簡單一抹就能展現時尚妝感,具有深度的橘棕色,感覺會成為搶手的熱門色款!

M0 5 **泥霧**
適合搭配任何妝感,感覺相當柔和的煙燻棕,能營造出優雅的視覺印象。

色影迷棕眼影盒

運用棕色與明亮彩色打造陰影感, 實現自然大眼

　　融合了棕色系與明亮彩色打造出陰影感，可實現自然大眼的高人氣眼盒。無論是基本淡妝，或是華麗濃妝，都能打造出讓人滿意的各種妝感。

3.2g 1,200円

新色BR-9 裸橙棕

橙棕色是日本彩妝主流的關注色。略帶灰濛感的自然美色，任何人都能簡單上手。

新色BR-10 裸粉棕

不會有浮腫般的視覺感，而是能夠與膚色自然融為一體，偏向藕色系的粉紅色。

BR-1 暖調棕

能打造眼部的自然陰影感，呈現出立體視覺效果的正統派棕色眼影盒。

BR-2 珊瑚棕

可增添好氣色的暖色系，適合搭配任何妝感的珊瑚棕。

BR-3 亮橙棕

偏向華麗金色的亮橙棕，能瞬間提升眼妝的視覺印象。

BR-6 煙燻粉棕

帶有深度，略偏粉色系的棕色，可打造出任何場合都適用的纖細眼妝。

BR-7 冷調棕

能打造出明亮大眼妝感的棕色。若是上淡一些，也非常適合用來搭配自然妝容。

BR-8 閃耀棕

帶有光芒感的華麗棕色，可為妝感增添創意玩心。

超簡單!打造自然大眼的「眼影公式」

棕色系妝容總給人自然妝感的印象,但只要搭配彩色陰影,就可讓整體妝容顯得明亮華麗,雙眼的視覺感也會更加放大。在秋冬時,也能嘗試加大深邃色的疊搽範圍,藉此打造出更加深邃的眼妝。另外,大範圍暈染下眼皮的顏色,也能簡單打造出時下流行的慵懶妝容。只要擁有一盒,就能自由變化出多種妝感,這正是最具備KATE核心精神的眼影盒。

妝效示範(BR-1)

HOW TO 使用順序為A▶B▶C▶D

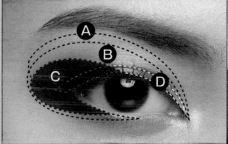

A:亮底色
明亮眼眸的基底色澤。

C:點綴彩色陰影
彩色陰影可創造自然大眼。

B:中間色
融合肌膚的色澤。

D:深邃色
伸眼眸立體的深邃色調。

MAKE STEP

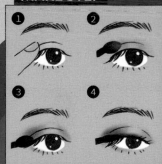

① 以指尖沾取A,輕輕延展於上眼皮整體。

② 以眼影棒粗端沾取B,疊搽於眼窩與下眼皮。

③ 以眼影棒粗端沾取C,從上下眼皮的眼尾往外1/3(陰影區)稍微拉寬範圍疊擦。

④ 以眼影棒細端沾取D,沿著眼際描繪線條。

POINT

把C疊搽於眼尾外側,便能讓眼妝更顯自然且更加明亮,同時自然地強調出陰影。透過放大眼部寬度的方式,打造出自然的大眼妝感。若想讓色彩更加顯眼,建議用附屬的眼影棒或手指點搽。若想營造出輕盈的暈染感,則是建議使用眼影刷。

高遮瑕×零厚重

完美妝效一整天

THE BASE ZERO 零瑕肌密

　　KATE人氣底妝「THE BASE ZERO零瑕肌密」系列的核心概念，就是「能確實遮飾臉部瑕疵，妝感看起來又不會過於厚重」。2017年推出的「零瑕肌密粉底液」，在塗於肌膚的瞬間，就能發揮超有感的遮瑕力，就算不重複疊搽也沒關係，只要輕輕一抹，便能簡單完美遮瑕，因此一上市便引起廣大美妝迷的討論。在2021年時進行系列改版，全面升級成為「高遮瑕卻自然」的人氣底妝。

零瑕肌密柔霧粉底液

30mL 1,600円

能夠清爽持妝一整天的柔霧粉底液。服貼度高、抗油耐脫妝，而且能在肌膚上均勻推展。雖然擁有相當高的遮瑕力，卻能和肌膚融為一體，顯現出自然無瑕的妝容。對於首次嘗試霧面粉底液的人來說，是一款相當值得入手、能提升自然美肌力的單品。

零瑕肌密柔霧粉底液
全色號大公開
全7色(含Web限定色2色)

全系列有7色。其中最推薦的,是能讓肌膚呈現清透明亮粉色肌的06色號。在接觸肌膚的一瞬間,就會像棉花糖般輕柔化開,打造出輕盈柔霧感。

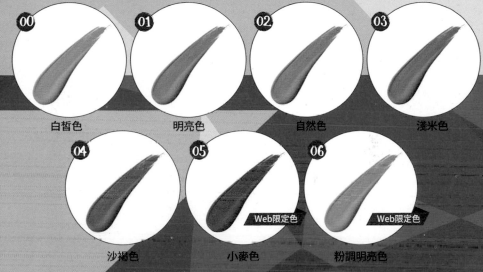

| 00 白皙色 | 01 明亮色 | 02 自然色 | 03 淺米色 |

04 沙褐色　　05 小麥色 Web限定色　　06 粉調明亮色 Web限定色

使用訣竅
在上完飾底乳之後,擠壓一下在指尖,並由內向外地塗抹於肌膚上。接下來,可依照個人喜好,直接用手指,或是用粉底液專用海綿均勻推展。

讓柔霧肌更顯動人的搭配建議

怪獸級持色絨霧唇釉
搭配妝容質感改變唇彩質感,是時下日本彩妝主流趨勢!例如柔霧美肌搭配輕盈柔霧唇彩,就能打造出具有一體感且充滿自信的美人妝容。

零瑕肌密蜜粉Z(控油)
零瑕肌密柔霧粉底液是不容易脫妝的粉底單品。若是在意出油或毛孔粗大問題,則能透過疊搽蜜粉的方式來打造出清爽美肌。對於無法經常補妝的人來說,只要這麼做,就能長時間維持肌膚的清爽與美麗。

零瑕肌密微光粉底液

30mL 1,600円

同時實現高遮瑕力與仿真美肌感的長
效持久粉底液。能潤飾凹凸不平、毛
孔以及膚色色差,讓肌膚展現出自然
光澤感。即使略顯暗沉的肌膚,也能
輕鬆打造出自帶光芒的美肌妝感。

零瑕肌密微光粉底液
全色號大公開
全7色(含Web限定色1色)

色號與柔霧粉底液一樣共有7色,同樣也是偏亮的粉色系06色最受注目。淡淡的紅色,能打造出明亮有光澤的妝容,讓肌膚宛如由內而外散發出光芒般地自然迷人。

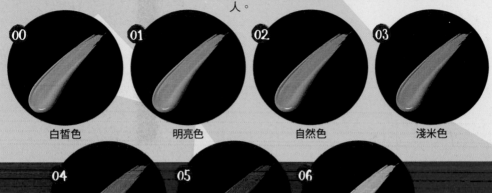

00	01	02	03
白皙色	明亮色	自然色	淺米色

04	05	06 Web限定色
沙褐色	小麥色	粉調明亮色

使用訣竅

在上完飾底乳後,擠壓一下在指尖,並由內向外地塗抹於肌膚上。若想展現粉底液本身的質地、打造出光澤感,建議用指尖慢慢推展。在眼皮或嘴巴周圍等經常活動的部位,要推展得較薄一些,而肌膚有瑕疵的部位,則是能透過疊搽的方式來加強修飾。

提升明亮微光美肌質感的搭配建議

怪獸級持色唇膏

建議選擇帶有自然光澤感的唇膏,來襯托具有光澤感的肌膚,讓整體妝容更有一體感。若是使用不易掉色的怪獸級持色唇膏,就能減少補妝的次數。

零瑕肌密濾鏡校色霜

不僅能作為飾底乳來修飾毛孔凹凸,還能疊搽於粉底之上,發揮妝後增色效果的校色霜。搭配微光妝容,能讓整體顯得更加亮眼。

SUNSMILE INC.
引領年輕世代潮流

充滿玩心和巧思的日本美妝創意家

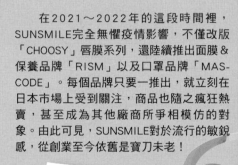

創立於1997年的SUNSMILE INC.，是一家流行嗅覺相當敏銳的美妝雜貨公司。除了自家所企劃研發、生產的保養品與美妝雜貨之外，也鎖定時下日本年輕世代的喜好，將世界各地極具話題性的美妝品引進日本，同時，也將日本的流行美妝傳遞至世界各國。

你或許不熟悉SUNSMILE，但絕對聽過、看過，甚至是用過SUNSMILE所推出的代表商品。舉例來說，SUNSMILE在2009年推出百圓面膜「Pure Smile」系列，堪稱是日本平價面膜的領頭羊。

接著在2012年，SUNSMILE推出日本首款，也是日本唯一的果凍唇膜品牌「CHOOSY」系列；在2015年時，更是推出紅遍日本及整個亞洲圈的玩心面膜「ART MASK」系列，在當年可說是每個遊客來到日本，都必定要瘋狂掃貨的經典伴手禮呢！在2016年3月出版的《日本藥妝美研購2》當中，也曾大篇幅介紹過該系列的人氣品項哦！

在2021～2022年的這段時間裡，SUNSMILE完全無懼疫情影響，不僅改版「CHOOSY」唇膜系列，還陸續推出面膜&保養品牌「RISM」以及口罩品牌「MAS-CODE」。每個品牌只要一推出，就立刻在日本市場上受到關注，商品也隨之瘋狂熱賣，甚至成為其他廠商所爭相模仿的對象。由此可見，SUNSMILE對於流行的敏銳感，從創業至今依舊是寶刀未老！

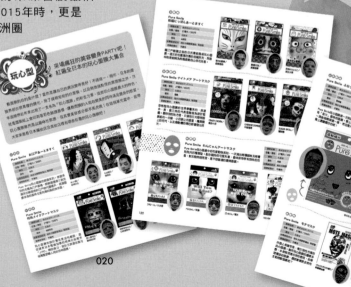

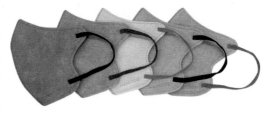

ASCŌDE

造型美觀再升級
口罩也能是穿搭單品
日本年輕世代擁戴的時尚瘦臉口罩
MASCODE 3D系列

在疫情肆虐的這幾年，「口罩」幾乎成為每個人出門的必備單品。其實在疫情之前，日本就因為花粉症，而台灣則是因為騎乘機車的關係，配戴口罩的習慣，早就已經融入到我們的生活之中。正因為如此，在台日兩地便發展出許多造型及配色特殊的口罩，儼然成為時尚配件的一環。

口罩與掛繩採用不同配色的MASCODE 3D口罩系列，因為充滿玩心與時尚感，加上獨家立體剪裁構造，不僅能讓呼吸更加輕鬆，而且還能讓臉看起來比較小，因此成為日本當下最受年輕世代喜愛的口罩品牌之一。部分人氣色款與限定款，只要一上架，就會立刻被一掃而空，甚至還有包裝極為類似的仿冒品出現，其人氣程度可見一斑。

> 口罩與掛繩不同色的混搭設計，是MASCODE最具時尚穿搭感的特色之一。甚至能配合穿搭或妝感，選擇最符合自己喜好的Dress Code！

MASCODE MASCODE 3D 7個 500円

M

DUSTY PINK × BLACK 灰粉×黑	MOCHA BROWN × BORDEAUX 摩卡棕×酒紅	GREIGE × BLACK 灰褐×黑	BEIGE ×KHAKI 米黃×卡其	CREAM YELLOW × ASH BLUE 奶油黃×灰藍

L

BLACK × BLACK 黑×黑	DARK GRAY × BLACK 深灰×黑	GRAY × BLACK 淺灰×黑

CHOOSY 果凍唇膜
就像敷面膜般輕鬆簡單

一起打造Q彈豐潤且極具魅力的夢幻雙唇

日本的面膜品牌多到數不清，但果凍唇膜可說只有CHOOSY獨霸天下。自2012年上市以來，已經熱賣超過2,700萬片，是日本國內唯一的果凍唇膜品牌。只要簡單貼在雙唇上，果凍唇膜中的玻尿酸、膠原蛋白、神經醯胺以及維生素E等保濕成分，就能充分發揮滋潤雙唇的效果，相當適合在乾燥的季節用來寵愛雙唇，進行深度保養。

CHOOSY果凍唇膜的基本款共有4種類型，每一款都有不同的主題香味及顏色。不僅保濕效果優秀，貼在雙唇上還能讓自己可愛變裝，不少日本人都會在社群軟體上曬出自己的唇膜照。除了4種基本款之外，CHOOSY還會不定期推出各種期間限定版本，為粉絲們帶來不同的使用體驗與驚喜！

| CHOOSY | リップパック | 1片 200円 | 唇膜 |

HONEY／香甜蜂蜜

PEACH／嫩甜蜜桃

STRAWBERRY／鮮甜草莓

VANILLA／濃甜香草

CHOOSY moist
揮別粗糙與黏膩

提升彩妝吸睛度的
水潤草莓香保養品牌

專為喜愛彩妝，身為保養初心者的Z世代所研發。外觀粉嫩可愛，但保養成分絲毫不馬虎，而且帶有甘甜草莓香的滑嫩美肌養成系列——CHOOSY moist。

針對Z世代常見的毛孔粗大、膚質乾燥以及皮脂分泌過剩等保養困擾，採用萃取自甘王草莓的「國王草莓乳酸菌」作為系列共通主打成分。不僅保濕，也能提升肌膚的防禦機能。除此之外，還搭配維生素C衍生物、神經醯胺、玻尿酸等美肌成分，讓保養效果更上一層樓。

CHOOSY moist 〔潔顏〕

クラッシュジェリー
ウォッシュ

120g 1,200円

磨砂凝膠洗面凝露。添加兩種去角質柔珠，是一款質地相當滑順好推的無泡沫潔顏凝露。不需搓出泡泡，只要用雙手在臉上繞圈按摩，就能快速輕鬆洗淨毛孔髒汙及老廢角質。

CHOOSY moist 〔化妝水〕

ヘルシーベース
ローション

180mL 1,200円

健康基底化妝水。質地略為濃密，卻能快速滲透肌膚，完全不會留下令人討厭的黏膩感。能調節肌膚健康狀態，打造出散發清透感的滑嫩肌。

CHOOSY moist 〔精華液〕

ジューシー
オイルセラム

30mL 1,500円

兩層美容油精華液。結合JUICY精華油與精華液，在搖勻後使用，就可以打造出Q彈光澤肌。除了可用於化妝水之後取代乳液或乳霜，也能在保養的第一道程序作為導入精華使用。

CHOOSY moist 〔眼周精華〕

ウインクウイッチ
アイエッセンス

20g 900円

眼部美容精華。可強化保養眼周肌膚的眼周用精華，推薦給喜歡畫眼妝的人使用。質地為清爽的透明乳霜狀，可以在上眼妝前，先為眼周肌膚進行打底保養。此外，也可以在夜晚入睡前，厚敷於眼周肌膚進行加強保養。

RISM面膜系列
洗完臉後
只要輕鬆敷上

就能完成基礎保養程序的懶人救星

由於現代人工作忙碌，不少人都有生活不規律或是睡眠不足的困擾。再加上氣候變化與空調環境的乾燥問題，導致備受不穩肌困擾的人與日俱增。針對這些肌膚困擾，以及沒太多時間好好保養的問題，RISM採用萃取自葡萄的美肌成分，再搭配多種不同美容成分，研發出能快速應對多種保養需求的面膜系列。

濃密保濕 | **光澤清透** | **安撫清透** | **滋潤滲透**

ALOE	PEARL	AQUA	HONEY
蘆薈萃取物	珍珠萃取物	礦物萃取物	蜂蜜
高保水LIPIDURE®	胎盤素萃取物	酵母萃取物	維生素E
維生素E	酵母萃取物	甘草萃取物	比菲德氏菌

安撫收斂 | **清透收斂** | **皮脂平衡**

PEACH	VITAMIN	TEA TREE
桃葉萃取物	維生素C衍生物	茶樹精油
維生素A	胎盤素萃取物	洋甘菊萃取物
維生素E	14種胺基酸	神經醯胺

RISM
ディープケアマスク　1片 180円

深層護理面膜。簡單一敷，就能取代化妝水及乳液的深層保養面膜。每週使用1～2次，可針對當下的膚質狀況或保養需求，選擇最適合自己的面膜類型。

デイリーケアマスク　8片 650円

日常護理面膜。簡單一敷，就能取代化妝水及乳液的每日保養面膜。以安瓶保養成分搭配多種美肌成分，可以每天用來為肌膚進行日常保養。

濃密保濕 | **光澤清透** | **安撫收斂** | **皮脂平衡** | **水分**

PROTEOGLYCAN &ALOE	CERAMIDE &PEARL	VITAMIN C &PEACH	VITAMIN E &TEA TREE	HYALURONIC ACID &GRAPEFRUIT
蛋白聚糖安瓶	神經醯胺安瓶	維生素C安瓶	維生素E安瓶	玻尿酸安瓶
蘆薈萃取物	珍珠萃取物	桃葉萃取物	茶樹精油	葡萄柚萃取物
高保水LIPIDURE®	胎盤素萃取物	維生素A	洋甘菊萃取物	積雪草萃取物
維生素E	酵母萃取物	維生素E	神經醯胺	神經醯胺

RISM SKIN CARE
融合日本自然素材

專為忙碌世代所開發的輕抗齡保養

即使是疏於保養的忙碌世代，一旦臉上開始出現細紋或黑斑，也會希望能找到效率和效果兼具的快速解方，好讓自己看起來不顯老。注意到這個保養需求的人氣護膚品牌RISM，將重點鎖定在「滋潤」、「細緻」、「清透」等三大關鍵訴求，採用長野葡萄、宇治茶、柚子、梅果以及芍藥根等日本自然素材的萃取物，打造出步驟簡單，卻能一次解決多種肌膚保養需求的基礎保養系列。

由於每個人對香味的喜好不盡相同，因此RISM SKIN CARE還同時推出清爽的「草本柑橘」以及優雅的「甜蜜花園」兩種不同香味可供選擇。

 草本柑橘　 甜蜜花園

RISM
エニウェイ ローション

150mL 1,800円

噴霧式化妝水。採用獨特噴頭設計，只要輕輕一按，就能將化妝水轉為細緻的噴霧。若是不喜歡噴霧的人，也可以將化妝水噴到掌心後再使用。

草本柑橘　　甜蜜花園

RISM
カーミング ミルクエッセンス

100mL 2,200円

美容乳液。將精華液和乳液，以絕佳比例融為一體的精華乳。質地不厚重，卻具有相當優秀且富層次感的潤澤力。

 草本柑橘

RISM
トゥーゴー スキンバーム

18g 1,800円

面霜。質地略為偏硬的精華膏，能在掌心中快速轉化為高潤澤度的精華油，可用來強化眼周、口唇周圍，甚至是手指等較為乾燥的部位。

ARGITAL
充滿遠古能量的綠海泥有機保養品牌

來自義大利西西里島, 富含地中海陽光與自然草本之力

近年來，日本各地吹起一股自然有機保養風潮，不僅歐美各大有機保養品牌紛紛進駐，就連日本國產有機保養品牌也宛如雨後春筍般陸續誕生。在眾多歐美有機保養品牌當中，最受日本有機保養愛好者推崇的，就是來自義大利西西里島、充滿地中海自然能量的ARGITAL。

ARGITAL是生化博士費拉洛（Dr.Ferraro）先生於1979年創立，在歐洲，可說是歷史相當悠久且愛用者眾多的有機保養品牌。整個品牌的起點，就是開採自費拉洛博士故鄉西西里島的「綠海泥」。

正因為**綠海泥是ARGITAL的品牌核心價值**所在，因此位於東京表參道的亞洲首家品牌概念店，便是以**西西里島開採綠海泥的場景做為設計主題**。例如概念店正中央的中島體驗區，除了放上一大盆鎮店之寶綠海泥之外，**整個平台更是仿造礦區實景精心打造，甚至可見從當地特別空運到日本的貝殼化石。**

一踏進ARGITAL表參道概念店，撲鼻而來的精油香氛，便給人一種置身於天然草本園中的幸福感，一切都是那麼令人愉悅和放鬆。
除了展售眾多有機保養品之外，這裡也提供專業護膚課程。美容師會透過詳細諮詢和問卷調查方式，來了解個人膚質、膚況、保養需求以及肌膚困擾，量身打造出個人專屬的保養課程。

隱身於ARGITAL表參道概念店當中的美容沙龍,整體設計極富巧思,是以西西里島傳統民宅為藍本,讓人有一秒踏入地中海民宿的溫馨感。

ARGITAL表參道概念店 | **美容課程體驗**

1 美容師會透過15分鐘的詳細諮詢及問卷調查,深入了解個人的肌膚問題與保養需求。

2 從基礎清潔、用於調配泥膜的精油、按摩用精油到後續保養用化妝水與乳霜,仔細解說美容課程中所使用到的單品。

3 首先是仔細清潔臉部,將臉部髒汙及彩妝、防曬乳等卸除乾淨。

4 在完成臉部清潔步驟後,美容師會將鎮店之寶綠海泥粉以及顧客挑選的有機香氛精油,以最佳比例調和成專屬的綠海泥膜。

5 微涼的鎮靜感加上舒緩身心的精油香,會讓人放鬆到忍不住打起盹來!

6 洗淨泥膜之後,接著再用有機按摩油、草本化妝水以及乳霜進行完整的基礎保養。

7 最後,在專屬的梳妝區整理一下妝髮,感覺整個人神清氣爽,煥然一新!

ARGITAL 表參道 (概念店)

地址:東京都渋谷区神宮前4-5-10野口ビル1F
營業時間:12:00〜20:00(不定期店休)

官網QR:https://argital.jp/

地址QR

註:截至2022年6月採訪日為止,美容沙龍課程只接受女性顧客預約。預約網站如下:https://select-type.com/rsv/?id=406B99RAK5g

表參道概念店 & **品牌官網限定品**

アロマ エッセンス ウォーター <u>香氛噴霧</u>

(左)カモミール・洋甘菊　(中)ジャスミン・茉莉花
(右)ローズマリー・迷迭香

125mL 3,200〜3,800円

未添加任何界面活性劑，只使用義大利天然水與
獨家Gold純粹精油所調製而成的有機香氛噴霧。
可在洗完澡後噴灑於全身肌膚或頭髮上，不僅能
發揮滋潤保濕效果，有機精油的自然香氛更能帶
來好心情。

シャワージェル <u>沐浴膠</u>

(紫)リラクシング(Relaxing)
(藍)インヴィゴレイティング(Invigorating)

250mL 2,900円

採用自然素材所打造的有機沐浴膠。
Relaxing版本的香氛，基底為歐洲自古以來就會
放在枕邊、具有安神鎮定效果的香蜂草。最適合
在肌膚容易乾荒的季節，透過草本香氛浴來安撫
疲憊了一整天的身心。
Invigorating版本則是以清爽薄荷為基底，不只具
有沁人心脾的提神香氣，洗起來也格外舒服清
涼，相當適合在天氣炎熱的季節或運動後使用，
也適合在出門前用來展開清新自信的每一天。

何謂綠海泥？

ARGITAL 的品牌核心及眾多產品的靈魂成分．
綠海泥，是採自於義大利·西西里島南方，富含礦物
質的珍稀天然美肌成分。蘊含約1,600萬年自然能量
的綠海泥，只在太陽能量最強的夏季開採，並於地中海
的陽光曝曬下自然乾燥。綠海泥本身含有許多細微孔狀結構，
不僅能吸附肌膚髒汙，也能發揮優秀的保濕效果。由於成分中富含能吸附肌
膚活性氧的二價鐵離子，因此在歐洲也被視為天然的抗齡保養聖品。

ARGITAL <u>綠海泥粉</u>

**グリーンクレイパウダー
アクティブ**

500g 2,800円

一款富含抗氧化礦物質，可
吸附多餘皮脂並帶走老廢角
質與髒汙，同時發揮柔膚保
濕作用的綠海泥粉。可依照
個人喜好，加水調製成泥膜
敷於臉部或其他想要加強保
養的部位。綠海泥粉本身無
香味，因此也能混合自己喜歡
的精油一起使用。此外，也能
直接加入浴缸，享受一場來自
西西里島的海泥浴。

ARGITAL <u>泥 膜</u>

グリーンクレイペースト

250mL 3,600円

一款滑順質地中帶有綠海泥
柔和顆粒感的泥膜。添加天
然精油與草本美肌成分，敷
在臉上時，可感受到一股舒
服的沁涼感。不只是皮脂分
泌旺盛的T字部位，容易因乾
燥而洩露年齡的頸部，以及
摸起來略感粗糙的手臂與背
部等部位，都相當適合用綠海
泥膜來加強保養。

ARGITAL 〔眼膜〕

アイブライトマスク

50mL 3,500円

以綠海泥為基底，搭配草本保濕緊緻成分的眼膜。不只能提升肌膚清透感與緊緻度，敷起來還帶有舒服鎮靜感，適合長時間緊盯螢幕而導致眼周疲憊、暗沉者。

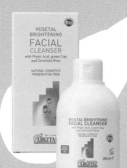

ARGITAL 〔潔顏〕

ヴェジタル シルキークリアソープ

250mL 3,400円

以綠海泥搭配富含植酸的米糠油，偏液態質地的潔顏產品。能在確實清潔毛孔髒汙及老廢角質的同時，提升肌膚整體清透感。潔淨後的臉部肌膚滋潤度表現佳，甚至會帶有舒服的絲滑感。

ARGITAL 〔乳霜〕

アンチ W クリーム

50mL 5,600円

綠海泥融合酪梨油、橄欖油以及杏仁油等多種富含維生素E及維生素B的植萃保養油，可發揮優異的彈潤緊緻效果。適用於強化保養眼周及唇周等容易顯現年齡的部位。

ARGITAL 〔私密清潔〕

デリケート ハイジーンソープ

250mL 2,600円

添加滿滿保濕成分，市面上相當少見的有機私密處清潔液。能在不破壞私密處天然抗菌pH值的狀態下，溫和洗淨並提升自淨抗菌力。

ARGITAL 〔漱口水〕

オーラルハイジーン ウォッシュ

100mL 3,200円

一款成分天然的漱口水，融合了具有淨化作用的銀離子水、蛋白質分解酵素鳳梨萃取物，並添加能吸附口腔內部髒汙的綠海泥。使用感清爽，能長時間維持口氣清新。

ARGITAL 〔洗髮〕

ピュリファイング シャンプー

250mL 2,700円

一款為長時間使用3C產品，因自由基堆積而導致頭皮僵硬，容易積聚汙垢和皮脂的問題頭皮所開發的淨化型洗髮精。綠海泥搭配多種能調理頭皮健康的植萃成分，在清潔髒汙與皮脂的同時，也能讓頭皮與髮絲更加健康強韌。

ARGITAL產品在台灣也能購買得到，更多資訊請詳閱台灣網站：https://www.aromart.tw/brand/argital

do organic

兼顧美肌與環境友善，採用和風素材的日本國產有機保養品牌

化有機之力為美肌之力

do organic品牌誕生於2008年，堪稱日本國產有機保養品牌先驅。堅持採用日本當地素材，並符合有機保養品認證規範。do organic與日本有機農家合作，採用兵庫縣丹波篠山的有機玄米以及川北黑大豆作為基礎素材，再搭配獨家開發的穀物保濕成分，打造出適合東方膚質的有機保養系列。

堅信「有機在於友善環境，美肌效果來自技術」的do organic，是日本國內極少數從原料、配方、製造到包裝都一手包辦，不假他人的有機保養品牌。在眾多主打自然有機風格的日本保養品牌中，do organic更是少數通過審查手續繁複嚴格之ECOCERT及BIO COSMETIC雙重認證的日本保養有機品牌。

基礎洗卸系列

 卸妝

クレンジング リキッド

120mL 2,800円

利用植萃潔淨成分，兼顧溫和質地與潔淨效果，可快速卸除彩妝並帶走毛孔髒汙。用水沖淨後膚觸滑嫩，滋潤感十足。

 潔顏

ウォッシング ムース

150mL 3,000円

採用大馬士革玫瑰水為基底，搭配多種有機精油與保濕美肌成分的潔顏慕斯。慕斯泡泡濃密且具有彈力，可確實服貼肌膚，吸附多餘皮脂與髒汙。洗後肌膚滋潤度佳，不會有不舒服的緊繃感。

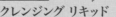

基礎保養系列

do organic | 化妝水

エクストラクト ローション アドバンスト

120mL 3,800円

採用日本傳統食材精華所打造的有機保濕化妝水。質地相當清透，能迅速滲透滋潤肌膚，不會留下黏膩感。彈潤表現優秀，相當適合用來調理紊亂的膚紋以及因乾燥所引起的小細紋。

do organic | 精華液

パワー セラム V

30mL 7,000円

融合獨家穀物保濕成分、有機摩洛哥堅果油與日本國產米糠油，是一款質地濃密、凝聚植萃潤澤力的精華液。能滑順融入肌膚，沿表情紋路形成彈力薄膜，帶來緊緻、光滑的向上拉提感，使肌膚充滿張力且更加膨潤。

do organic | 乳 液

ブライト サーキュレーター ミルク

100g 6,000円

融合穀物、梅果保濕成分以及米胚芽油等美肌成分，適合透過按摩來提升肌膚光澤感與清透度的碳酸乳液。碳酸泡沫可深入肌膚裡層，發揮良好的循環促進功能，讓氣色顯得更加紅潤健康。

do organic | 美容油

トリートメント オイル スムージング

18mL 4,500円

質地極為清爽的100%天然美容油，適合用於保養的第一道步驟。對於肌膚乾燥敏弱又不喜歡黏膩感的人來說，是一款全年度都適用的好選擇。

美白保養系列

do organic | 化妝水

エクストラクト ローション ラディアント

120mL 5,000円

同時能兼顧保濕、潤澤與亮白功能的有機美白化妝水。質地清透，卻具有相當出色的保濕潤澤力，在有機保養品牌中，屬於一款相當少見的多機能保養型化妝水。

do organic | 精華液

リプレニッシング セラム ラディアント

30mL 8,000円

專為乾燥引起的肌膚暗沉問題所研發，可讓肌膚充滿活力、彈潤感與光澤度的有機美白精華液。質地清透，即使在夏季使用，也不會感到黏膩厚重，能讓肌膚顯得更加潤澤飽滿。

菊正宗日本酒化妝水系列
出自日本360年清酒老廠之手，短短十年便擁有眾多鐵粉

化妝水界的經典新成員

　　任誰都沒想到，百年清酒老廠在十年前的跨界挑戰，居然能在美妝保養品界引爆潮流，還陸續推出系列保養品項，成為最具話題性的黑馬。最早從日本酒泡澡劑起家，十年後的今天，菊正宗的日本酒保養品家族，已經茁壯成為品項超過20種的人氣品牌。

　　在迎向十週年的2022年秋季，菊正宗特別針對人氣品項進行升級改版，同時也推出了全新類型的化妝水。500mL大容量高CP值的日本酒化妝水，使用起來沒有酒精的刺激感，只有淡淡酒香以及滿滿滋潤度，難怪能在短時間內征服許多挑剔的日本人。

菊正宗 化妝水

日本酒の化粧水 透明保湿

500mL 900円

菊正宗日本酒化妝水系列的基礎款。在1瓶化妝水當中所含的胺基酸，就跟一瓶1.8公升的清酒相同。所添加的熊果素與胎盤素萃取物，擁有相當出色的保濕表現。此外，改版更新增了維生素A、C、E衍生物，能大幅提升整體美肌力

菊正宗 化妝水

日本酒の化粧水 高保湿

500mL 900円

菊正宗日本酒化妝水系列的高保濕款。除胺基酸、熊果素與胎盤素萃取物等美肌成分之外，更添加由皮膚科醫師所推薦的鎖水成分「神經醯胺」，保濕力表現優秀，因此在美妝口碑網站上，擁有相當不錯的正面評價。

菊正宗 化妝水

日本酒の化粧水 ハリつや保湿

500mL 1,200円

強調抗齡保養的彈力潤澤保濕款，是菊正宗日本酒化妝水系列的最新成員。除胺基酸、熊果素與胎盤素萃取物等基本成分外，還添加了鎖水成分「神經醯胺」以及熱門抗齡成分「菸鹼醯胺」。這款高CP值的大容量抗齡保養化妝水，絕對是今年值得入手的新品！

基礎保養系列

無論是乳液或精華液，都承襲了品牌一貫的高CP值「大容量」特色。尤其是**乳液**容量高達380mL，除了臉頸部保養外，也有不少人會拿來保養全身肌膚。而容量高達150mL的**精華液**，更被日本美妝雜誌評比為「殿堂級」單品。

乳液

精華液

菊正宗
日本酒の乳液
380mL 900円

菊正宗
日本酒の美容液
150mL 1,900円

清潔洗卸系列

不只是潔淨，還添加了胺基酸、熊果素與胎盤素萃取物等美肌成分，因此潔淨後的肌膚會顯得格外水嫩。在2022年秋季改版中，潔顏乳還新增了纖維去角質微粒，使對付毛孔髒汙及老廢角質的潔淨力更升級！

卸妝凝露

潔顏乳

菊正宗
日本酒のメイク落とし
200g 800円

菊正宗
日本酒の洗顔料
200g 800円

精華洗潤系列

概念來自日本酒精華保養的頭髮洗潤系列。以富含5種維生素和12種胺基酸的日本酒美肌成分為基底，再搭配3種神經醯胺、熊果素、白麴萃取物、米糠油以及米胚芽油，洗後髮絲會顯得格外清爽滑順，散發出閃閃動人的健康光澤。持久的和風香調，也是令人愛不釋手的特色之一。

洗髮精

潤髮乳

菊正宗
正宗印
美容液シャンプー
480mL 1,500円

菊正宗
正宗印
美容液トリートメント
480mL 1,500円

CHAPTER 2

日本藥妝

溫故知新

日本經典家庭常備藥24選

對許多人而言，藥妝店可說是赴日旅遊的重點項目之一，既入寶山怎能空手而回？一定要趁機大買特買，補充好自己與家人所愛用的常備藥品。然而受到疫情影響，大部分的人在過去幾年期間，都無法造訪日本當地的藥妝店，或許有不少人已經弄丟先前所整理的採購清單了吧？沒關係，就讓日本藥妝研究室來為大家複習一下經典的日本家庭常備藥吧！

指定 **第2類** 医薬品

| EVE | イブクイック頭痛藥 | 止痛 |

🏠 廠商名稱　エスエス製藥

相較於價格親民的白盒EVE，藍盒EVE因為添加護胃成分，且主打藥效發揮快，因此這幾年已悄悄成為觀光客掃貨的新目標。

第1類 医薬品

| LOXONIN | 止痛 |

ロキソニンS

🏠 廠商名稱　第一三共ヘルスケア

一款講求速戰力與止痛效果的止痛藥，多年來一直是日本人挑選止痛藥的首選。由於此成分的OTC目前只在日本境內上市，於口耳相傳下，近期有愈來愈多訪日華人指名購買。

指定 **第2類** 医薬品

| PABRON | 感冒 |

パブロン ゴールドA

🏠 廠商名稱　大正製藥

台灣旅客逛日本藥妝店時，購物籃裡幾乎都會出現的固定班底。溶解速度快，效果明顯，採個別小包裝，服用的便利性相當高。即使藥粉有點苦，仍有廣大的支持者。

指定 **第2類** 医薬品

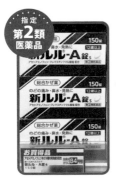

| Lulu | 感冒 |

新ルルA錠S

🏠 廠商名稱　第一三共ヘルスケア

有著親切好記的名字，是眾多訪日旅客都會指名購買的露露感冒藥。有了糖衣錠的包覆，服用時再也不擔心會有討厭的藥味，而且體積迷你，容易吞服，因此人氣始終居高不下。

第3類 医薬品

| 龍角散 | 喉嚨 |

龍角散ダイレクト

🏠 廠商名稱　龍角散

入口即化的顆粒劑型，搭配薄荷及桃子兩種討喜的口味，是華人圈人氣最高的止咳化痰良藥，這些年一直是訪日觀光客所必掃的護喉常備藥。

第3類
医薬品

NODOGLE

喉嚨

のどぬ～るスプレー

🏠 廠商名稱　小林製藥

專門對付喉嚨疼痛問題的喉嚨噴霧。不僅具有能舒緩疼痛的清涼感，還能針對患部進行殺菌。特殊的長噴嘴設計，方便使用時能更精準地將藥劑噴灑在喉嚨不舒服的部位。

第2類
医薬品

NAZAL

鼻炎

ナザールスプレー
（ラベンダー）

🏠 廠商名稱　佐藤製藥

專門對應鼻塞及流鼻水症狀的鼻噴劑，使用起來帶有一股淡淡的薰衣草香氣。當使用這類鼻噴劑時，要特別注意每天不可超過6次。

第3類
医薬品

ALINAMIN

維生素

アリナミンEXプラス

🏠 廠商名稱　アリナミン製薬

主成分為維生素B1衍生物，可用於對應疲勞、肩頸痠痛及腰痛的醫藥級B群。不只是忙碌上班族與辛勞主婦的救星，更是許多長輩許願想要收到的健康伴手禮。

指定
医薬部
外品

BIOFERMIN

胃腸

新ビオフェルミンS細粒

🏠 廠商名稱　ビオフェルミン製薬

添加3種乳酸菌，一直是許多媽媽用來改善小朋友便秘與促進腸道健康的常備藥。由於幼兒也能輕鬆服用的細粉劑型未在台灣上市，因此許多家長到日本旅遊時，都一定會記得攜幾罐回家。

第2類
医薬品

CABAGIN

胃腸

キャベジンコーワα

🏠 廠商名稱　興和

胃黏膜修復成分搭配健胃、制酸及消化成分，是許多婆婆媽媽指定購買的胃腸藥。由於成分中含有脂肪酵，所以特別適合用於應對油膩飲食所造成的消化不良問題。

第2類
医薬品

太田胃散

胃腸

太田胃散＜分包＞

🏠 廠商名稱　太田胃散

歷史超過百年，無論是在日本或台灣，都是代代相傳的護胃家庭常備藥。和傳統的圓鐵罐裝相較，這款分包類型，因為攜帶與服用上都方便許多，所以這幾年廣受上班族青睞。

第2類医薬品

⌒ Colac ⌒

コーラック

 便秘

🏠 廠商名稱 大正製薬

在日本藥妝店裡，粉紅色包裝的便秘藥牌相當多，但店員偷偷透露：「許多日本人都是買這一盒哦！」一般來說，在服用便秘藥時都會建議多喝水，效果會更好！

第3類医薬品

⌒ Hepalyse ⌒

ヘパリーゼプラスII

營養補充

🏠 廠商名稱 ゼリア新薬

主成分為肝臟水解物和肌醇，日本人大多是用來消除疲勞，或是於喝酒前服用。在華人圈則是被許多人奉為一款護肝常備藥。

第2類医薬品

⌒ Lycée ⌒

ロート リセ

眼用

🏠 廠商名稱 ロート製薬

一度在台日兩地爆紅，現在則是走入殿堂，成為常備經典款的小花眼藥水。即使包裝上已經沒有當年的小花圖樣，但大家還是習慣這麼稱呼她。

第2類医薬品

⌒ Sante ⌒

サンテFXネオ

 眼用

🏠 廠商名稱 参天製薬

說到日本的超涼感眼藥水，就不得不提到這一瓶——這麼多年過去，依舊是藥妝店用來攬客的眼藥水熱銷款。有些藥妝店所推出的破盤價，甚至會令人不禁懷疑自己是否看錯標價。

第2類医薬品

⌒ UNA ⌒

新ウナコーワクール

止癢

🏠 廠商名稱 興和

清涼感恰到好處，海綿頭設計可輕鬆將藥水均勻塗抹於蚊蟲叮咬處的止癢液。這是眾多台灣人到日本藥妝店時，都會隨手抓兩罐丟進購物籃裡的常備藥。

第3類医薬品

⌒ MUHI ⌒

ムヒS

 止癢

🏠 廠商名稱 池田模範堂

在許多日本人家中都能看見的止癢藥膏。藥膏本身清爽好推展，而且清涼感較強，除了蚊蟲叮咬之外，也適用於對應蕁麻疹等皮膚瘙癢問題。

第2類医薬品

| IHADA | 痘痘 |

アクネキュアクリーム

🏠 **廠商名稱** 資生堂藥品

可能許多人不知道，在美妝大廠資生堂旗下，其實也有專門研發醫藥品的製藥公司。像是這條在日本熱銷多年的IHADA痘痘乳膏，就是由資生堂藥品所推出，廣受日本人愛用。

第2類医薬品

| KINKAN | 止癢 |

キンカン ノアール

🏠 **廠商名稱** 金冠堂

在日本長銷超過90年的蚊蟲止癢液。獨特氨水配方，讓許多日本人只要一聞到氣味，就會知道這是老字號的金冠止癢液。成分中亦搭配能促進血液循環的辣椒酊，因此也能用來應對跌打損傷和肌肉疲痛。顛覆傳統包裝的酷黑迷你瓶設計，意外在年輕世代中引發話題而再度翻紅。

第2類医薬品

| AD | 止癢 |

メンソレータムAD

🏠 **廠商名稱** ロート製薬

在台灣被稱為「藍色小護士」的AD乳霜，也是一款殿堂級的家庭常備藥，特別適合用來對應冬天洗澡後那難纏的乾燥癢。不過，由於AD乳霜含有藥性，屬於皮膚用藥，可別將它當成保養品搽哦！

指定医薬部外品

| yuskin | 皮膚乾燥 |

ユースキンA

🏠 **廠商名稱** ユースキン製薬

主成分是維生素B2及維生素E的淡黃色保濕乳霜。對於肌膚乾燥等問題具有優異潤澤效果，也能厚敷於粗糙的腳跟上，使膚觸變得更加柔嫩。

指定第2類医薬品

| 口内炎PATCH | 口内炎 |

口内炎パッチ 大正クイックケア

🏠 **廠商名稱** 大正製薬

台灣人到日本藥妝店必定掃貨的口內炎貼片。黃盒版本因為添加類固醇成分的關係，所以藥效會較為顯著，因此相對適合想要快點解決嘴破問題的人。

第3類医薬品

| Salonpas® | 痠痛 |

サロンパスAe®

🏠 **廠商名稱** 久光製薬

大盒裝痠痛貼布，價格親民，長久以來一直是台灣人赴日旅遊時所必買的基本款痠痛貼布。

| The Collagen | 美肌 |

ザ・コラーゲン ＜タブレット＞

🏠 **廠商名稱** 資生堂藥品

資生堂小分子膠原蛋白。添加獨家美容專利成分以及多種美肌成分，輔助肌膚保持彈力及水潤感，錠劑劑型更方便吞服及攜帶。

日本OTC新軍筆記清單

自2020年初疫情爆發之後，大部分的人就再也沒有踏入日本的藥妝店更新資訊。其實在這段期間，日本推出了不少OTC新藥。在此，日本藥妝研究室貼心整理出過去3年內較具特色的OTC新藥，提供給讀者作為日後採買參考。

第1類 醫藥品

LOXONIN　ロキソニンSクイック　止痛

廠商名稱 第一三共ヘルスケア

主成分是洛索洛芬鈉水合物的止痛藥。除選擇矽酸鎂鋁作為護胃成分之外，還採用速崩溶解製劑技術，可於短時間內快速發揮效果。

第1類 醫藥品

NARON　止痛　ロキソプロフェンT液

廠商名稱 大正製藥

主成分是洛索洛芬鈉水合物的止痛藥，是目前市面上相當罕見的液態止痛藥。採單次服用劑量的分條包裝，攜帶便利性相當高。

指定 醫藥部外品

LIPOVITAN　維生素　リポビタンDX

廠商名稱 大正製藥

大正製藥長銷60年的營養補充飲所推出的錠劑版本，是許多日本上班族用來改善日積月累疲勞問題的好幫手。感覺自己總是疲憊不堪、缺乏活力的人，不妨參考看看。

第3類 醫藥品

ALINAMIN　維生素　アリナミンEXプラスα

廠商名稱 アリナミン製藥

合利他命EX PLUS的升級版本。整體成分和劑量都相同，但額外添加了維生素B2，建議疲勞感特別強烈的人可以試試。

第3類 醫藥品

V ROHTO　維生素　Vロート プレミアム アイ內服錠

廠商名稱 ロート製藥

專為用眼過度的現代人所研發，添加了7種可應對眼睛疲勞及修復神經的相關成分，堪稱是「用吃的眼藥水」。對於整天盯著3C的忙碌上班族來說，是一款相當推薦的眼睛健康常備藥。

UNA 止癢

ウナコーワクールジェル

🏠 廠商名稱　興和

護那蚊蟲止癢液的隨身滾珠凝露版本。不只是滾珠膚觸冰涼，就連止癢凝露本身也含有4.5%的薄荷成分，只要輕輕一抹，就能帶來驚為天人的清涼感受。

Odecure 毛囊炎

オデキュアEX

🏠 廠商名稱　池田模範堂

專門對付身體上那些帶有疼痛感的痘痘，不論是出現在脖子、胸口、背部以及臀部等不同部位的痘痘，都可以使用這條藥膏快速治癒。

IRIS 眼用

アイリスフォンブレイク

🏠 廠商名稱　大正製藥

專為長時間使用智慧型手機的現代人研發，可應對藍光傷害所引起的眼睛疲勞問題，使用起來帶有相當舒服的強烈清涼感。

MUHI 止癢

ムヒER

🏠 廠商名稱　池田模範堂

耳朵老是癢不停的人有救了！只要用棉花棒吸附添加了消炎與止癢成分的藥液，再像平時清潔耳道那樣，將藥液塗抹在耳道壁上，就可以輕鬆改善耳朵癢不停的困擾。

Salonpas® 痠痛

サロンパス®
ツボコリ® パッチ

🏠 廠商名稱　久光製藥

日本大廠推出的穴道貼布。添加可抑制發炎症狀的中藥成分，使用起來帶有強烈的溫感作用。貼布使用感不悶熱，而且彈性也相當好，即使貼在可動部位也不容易捲翹變形。

第2類医藥品

指定第2類医藥品

第3類医藥品

經典美妝雜貨購物車

日本藥・美妝店裡，美妝保養品以及雜貨的種類超過上萬種。雖然每個人的喜好不盡相同，但還是有些熱門品項是赴日不可不掃，堪稱經典中的經典。在這裡，就讓日本藥妝研究室來為大家精選這些必掃、必備、必敗的經典品項吧！

雪肌粹　洗顏クリームM

廠商名稱　コーセー

日本7&i集團與日本高絲共同開發，台灣人到日本小7或超市伊藤洋華堂時必定狂掃的洗面乳，在2022年改版升級成為「医薬部外品」。價格親民且整體潔顏體驗表現優秀，可說是一款CP值相當高的伴手禮。

suisai beauty clear　パウダーウォッシュ N

廠商名稱　カネボウ化粧品

主打酵素潔顏力的洗顏粉，多年來一直廣受各地華人喜愛。不僅能洗淨毛孔及老廢角質，方便攜帶的個別包裝設計，成為許多人外出旅遊必備的美妝品。

菊正宗　日本酒の化粧水

廠商名稱　菊正宗酒造

日本百年清酒老廠的跨界力作，自誕生以來持續熱賣10年的開架化妝水黑馬。質地清爽卻有著優秀的保濕力，使用起來帶有淡淡日本酒香，卻沒有酒精的刺激性。CP值爆表的大容量包裝，共有「白色保濕型」、「粉色高保濕型」以及「紅色潤澤保濕型」等3種類型。

HADALABO　薬用極潤 スキンコンディショナー

廠商名稱　ロート製薬

在樂敦極潤系列中，近年來綠色包裝的健康化妝水人氣扶搖直上。採用薏仁與魚腥草作為核心保養成分，再搭配消炎薬用成分，與極潤系列拿手的玻尿酸等保濕成分，相當適合用來安撫乾荒痘痘肌。

Melano CC　薬用 しみ集中対策美容液

廠商名稱　ロート製薬

樂敦製藥運用多年的維生素C研究成果，開發出這款品質穩定的雙重維生素C精華液。不僅能用於對抗黑斑，對於乾荒痘痘肌也有不錯的保養效果，是這幾年相當熱銷的開架款精華液。

LuLuLun　ルルルン プレシャス

🏠 廠商名稱　グライド・エンタープライズ

說到日本的殿堂級面膜，就不能不提到帶動「每日面膜」風潮的Lululun。美容成分更為講究的Precious系列，是近年來海外觀光客必敗的每日面膜品項，分為「綠色均衡保濕型」、「紅色柔嫩保濕型」以及「白色清透亮澤型」等3種類型。

毛穴撫子　お米のマスク

🏠 廠商名稱　石澤研究所

添加萃取自日本國產米的保濕成分，搭配服貼度表現優秀的面膜紙，一度熱賣到大缺貨而必須限制購買數量的面膜。即便過了好幾年，依舊是藥妝店相當熱門的指名採購款。

Bioré UV　アクアリッチ ウォータリーエッセンス

🏠 廠商名稱　花王

質地清透水感，卻能毫無死角發揮防曬機能的防曬精華霜。在日獲獎無數，被日本媒體封為殿堂級的防曬商品。不只是日本，在廣大的華人圈也有相當多忠實愛用者。

DHC　薬用リップクリーム

🏠 廠商名稱　DHC

採用DHC當家美肌成分橄欖油作為基底，保濕度與潤澤效果都相當出色，由於在日本的價位十分親民，是許多人大量掃貨當成伴手禮的開架款護唇膏。

MegRhythm　蒸気でホットアイマスク

🏠 廠商名稱　花王

日本藥妝愛好者必定使用過的花王美舒律蒸氣眼罩。在新一波改版中，大幅改良了眼罩本身的服貼度，能讓過勞的雙眼及眼周肌膚無死角地接受20分鐘的溫感蒸氣療癒。

休足時間　足すっきりシート 休足時間

🏠 廠商名稱　ライオン

對於赴日旅遊時，總是行軍至鐵腿的旅客來說，最棒的享受就是回飯店洗完澡後，用休足時間安撫小腿肚與腳底板的時光。那舒服的清涼感與淡淡的草本香，可說是療癒感十足。

消臭元　一滴消臭元

🏠 廠商名稱　小林製藥

在上廁所之後，滴入1滴於馬桶水中，就能消除如廁過程中所產生的氣味。只要隨身準備一瓶，就不怕上廁所之後氣味帶來不必要的尷尬感，在日本可說是人人必備的如廁禮貌小物。

新生代精選藥妝

Melano CC ｜ ディープクリア酵素洗顔

🏠 廠商名稱 ロート製薬

2022年網路討論聲量極高的開架洗面乳。主打特色是每天都能使用，而且是日本目前唯一的膏狀酵素洗面乳。對於喜歡酵素潔顏產品那種優秀潔淨力的人來說，絕對是相當值得一試的新選擇。

SOFINA iP ｜ ポア クリアリング ジェル ウォッシュ

🏠 廠商名稱 花王

鼻翼黑頭粉刺的剋星，只要試過一次，就會感動到泛淚的毛孔潔淨凝膠。只要將漆黑色的凝膠敷在黑頭粉刺頑固駐守的部位，大約按摩30秒後用水沖淨，就能讓毛孔大口呼吸了。

菊正宗 ｜ 日本酒の化粧水 ハリつや保湿

🏠 廠商名稱 菊正宗酒造

菊正宗日本酒化妝水系列在品牌創立10週年時所推出的新成員。不只保濕，還添加熱門抗齡成分「菸鹼醯胺」，絕對是必掃的高CP值大容量抗齡保養化妝水！

Primavista ｜ スキンプロテクトベース ＜皮脂くずれ防止＞ 超オイリー肌用

🏠 廠商名稱 花王

Primavista高人氣控油飾底乳的強化版本。黑色超油性肌版本所添加的皮脂固化粉末，比一般版本還多出1.3倍，加上優秀的撥水力，就算出油量再多也不怕脫妝。當然，也很適合出油量爆多的男性使用。

KATE ｜ リップモンスター

🏠 廠商名稱 カネボウ化粧品

日本近期內最為熱賣，每次一補貨就會立刻被掃空的怪獸級持久唇膏。其熱門程度堪稱是社會事件等級，想跟上日本美妝潮流的話，記得一看到就立馬掃進購物籃吧！

LuLuLun Cleansing Balm

廠商名稱 グライド・エンタープライズ

在日本，卸妝膏是近期關注度相當高的保養品項。面膜大廠LuLuLun推出的保養級卸妝膏，更是擁有超高人氣！分成「黑色毛孔對策」以及「金色乾燥對策」兩種類型。

Bioré

パチパチはたらく メイク落とし

廠商名稱 花王

只要使用按壓方式，無需過度拉扯肌膚，卸妝泡就能在破裂瞬間，同時帶走臉部彩妝與髒汙。等到臉上的卸妝泡消失，就能用水沖洗乾淨，輕鬆簡單完成卸妝工作！

毛穴撫子

ひきしめマスク

廠商名稱 石澤研究所

毛穴撫子每日保養面膜系列的最新作！原本為期間限定品，但因為人氣太旺，所以在2022年秋季成為定番品。主打混合肌適用，可以同時補水與緊緻粗大毛孔。

TRANSINO

ホワイトニング スティック

廠商名稱 第一三共ヘルスケア

日本人氣傳明酸美白品牌TRANSNO推出的美白棒。添加原廠開發的美白成分傳明酸，能夠輕鬆塗抹於在意的部位。對於重視美白保養的人來說，堪稱是必收的一款單品。

KINKAN

冷感綿棒

廠商名稱 金冠堂

止癢液老廠金冠堂所推出的超涼感棉花棒。不只具有清涼效果，還添加多種保濕成分，讓耳道不會因為酒精成分蒸發而感到乾燥。超適合在洗完澡或戴完耳機後，用來冰鎮一下耳朵。

CHAPTER 3

日本家庭藥圖鑑

龍角散
代代相傳超過200年的喉嚨健康守護神

誕生自秋田藩主御醫之手

將守護日本人喉嚨健康長達200多年的龍角散，改良後成為更容易吞服的顆粒版本。水藍色包裝為薄荷口味，粉紅色包裝則是水蜜桃口味。

由於顆粒劑型入口即化，服用時沒有粉嗆感，加上口味及包裝設計討喜，因此成為近年來台灣旅客赴日必買的注目商品。相較於傳統圓鋁罐，條狀分包裝設計攜帶方便，也是它人氣扶搖直上的原因之一。

有別於一般藥物，在服用龍角散免水潤喉顆粒時不可搭配開水，微粉末的生藥成分直接對喉嚨黏膜發揮作用。為發揮最佳效果，建議於服用後半小時內盡量不要飲食。

龍角散

龍角散ダイレクト スティック ミント・ピーチ

⌂ 廠商名稱	株式会社龍角散	
¥ 容量/價格	16包 700円	
Q 主要成分	桔梗末、杏仁、遠志末、甘草末、人參末、阿仙藥末	
↖ 適應症	咳嗽・痰液・喉嚨發炎所引發之聲音沙啞、喉嚨乾、喉嚨不適、喉嚨疼痛、喉嚨腫脹等症狀	

龍角散免水潤顆粒為「第3類医藥品」，承襲百年老藥的護喉配方，製作成入口即化的顆粒型與口含錠兩種類型。對於不擅長服用粉狀藥物的人來說，是相當方便的選擇，加上討喜的薄荷、水蜜桃以及芒果口味，對於在意龍角散獨特氣味的人來說接受度更高。由於具有無需搭配水即可服用，以及便於攜帶的條狀分包裝設計等特點，因此服用的時間與地點就更加自由不受限。通常建議一天最多服用6次，且每次間隔需超過2小時。

👤 用法用量

年齡	單次劑量	單日次數
15歲以上	1包	
11～14歲	2/3包	
7～10歲	1/2包	6次
3～6歲	1/3包	
未滿3歲	不宜服用	

※務必仔細閱讀使用說明，並遵照用法・用量正確服用

三大特色

1 不需開水也能隨時隨地服用。

2 無糖製劑，就寢前也能放心服用。

3 微粉末的生藥成分，能直接對喉嚨黏膜發揮作用。

第3類医藥品

龍角散

龍角散ダイレクト トローチ マンゴーR

🏠 **廠商名稱** 株式会社龍角散

💴 **容量/價格** 20錠 600円

🔍 **主要成分** 桔梗末、杏仁、遠志末、甘草末

🏹 **適應症** 咳嗽‧痰液‧喉嚨發炎所引發之聲音沙啞、喉嚨乾、喉嚨不適、喉嚨疼痛、喉嚨腫脹等症狀

👤 **用法用量**

年齡	單次劑量	單日次數
15歲以上	1錠	3～6次
5～14歲	1/2錠	
未滿5歲	不宜服用	

※務必仔細閱讀使用說明，並遵照用法‧用量正確服用

含有龍角散生藥成分的口含錠。帶有舒服的清涼感以及淡淡的芒果香氣，建議在喉嚨覺得不舒服或疼痛時，含在口中慢慢融化。

三大特色

1 能在口中長時間散發清涼感及香味！

2 適合在喉嚨痛時緩和喉嚨不適！

3 可依據症狀及使用場合，選擇顆粒劑型或口含錠！

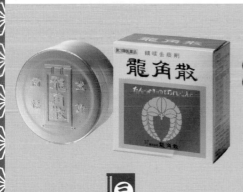

龍角散 **龍角散**

第3類 医薬品

🏠 **廠商名稱** 株式会社龍角散

💴 **容量/價格** 20g 780円 ／ 43g 1,400円 90g 2,260円

龍角散家族的元老，出自擔任秋田藩御醫的藤井家之手，歷經數次改良，在日本流傳超過200年的喉嚨健康用藥。

無論是在日本或台灣，龍角散都是人人耳熟能詳、備受信賴的家庭常備藥，每當咳嗽或喉嚨不舒服時，就會立刻想起抽屜裡那個閃閃發亮的鋁罐。

龍角散藥粉極為細緻，可直接針對喉嚨黏膜發揮作用，在服用時不可搭配開水，才能達到最佳藥效。

三大特色

1 桔梗及遠志等中藥所含的皂苷成分，可直接對喉嚨黏膜發揮作用！

2 能恢復喉嚨纖毛的活動力，發揮排痰止咳作用！

3 利用生藥獨特的溫和藥效，在不傷害身體的情況下緩解不適症狀！

※務必仔細閱讀使用說明，並遵照用法‧用量正確服用

イボコロリ
搞定雞眼、硬繭及贅疣問題的神奇救星

日本足底健康的代言人

イボコロリのフットケア — SINCE 1900
横山製薬株式会社

　　誕生於1919年的イボコロリ（Ibokorori），是在日本當地長銷超過百年的家庭常備藥。無論是過去或現在，能解決足底雞眼、硬繭以及身體贅疣等皮膚問題的家庭常備藥都相當少見，所以只要提起此類藥物，絕大部分日本人都會立刻聯想到它，足見イボコロリ早已深植人心，有著難以取代的獨特地位。

第2類医薬品

Ibokorori　**イボコロリ**

長銷經典型

🏠 廠商名稱	横山製薬株式会社
¥ 容量/價格	6mL 960円 / 10mL 1,300円
🔍 主要成分	水楊酸
🐾 適應症	雞眼、硬繭、贅疣

👤 用法用量	年齡	單次使用量	單日次數
	7歲以上	1滴	4次
	未滿7歲	不建議使用	

只要利用連結在瓶蓋上的點藥棒，將含有水楊酸的藥液塗抹於患部，即可透過軟化乾硬患部的方式，去除足部的雞眼、硬繭、贅疣。

第2類医薬品

Ibokorori　**ウオノメコロリ**

升級強效型

🏠 廠商名稱	横山製薬株式会社
¥ 容量/價格	6mL 1,080円
🔍 主要成分	水楊酸、乳酸
🐾 適應症	雞眼、硬繭

👤 用法用量	年齡	單次使用量	單日次數
	7歲以上	1滴	1～2次
	未滿7歲	不建議使用	

針對頑固的雞眼與硬繭所推出的成分升級加強版。使用方法與Ibokorori相同。除原先的水楊酸之外，並同時搭配乳酸，能發揮更強大的角質軟化與去除效果。此外，隨盒所附的貼附型彈性軟墊，能幫助隔絕保護患部，避免與鞋子等物品摩擦而引發疼痛不適感。

三大特色

1 日本藥妝店裡罕見的雞眼對策常備藥。

2 依照患部需求開發出多種產品類型。

3 使用簡單不沾手。

第**2**類 医薬品	Ibokorori	イボコロリ絆創膏

🏠 廠商名稱	横山製薬株式会社
¥ 容量/價格	S・M・L 各尺寸12枚 950円 Free Size 3枚　　　　950円
🔍 主要成分	水楊酸
✦ 適應症	雞眼、硬繭、贅疣

👤 用法用量	年齡	單次使用量	單日次數
	7歲以上	1枚	2～3天1次
	未滿7歲	不建議使用	

將濃度高達50%的水楊酸藥膏製成OK繃造型，可以簡單不沾手地將藥膏黏貼在雞眼、硬繭、贅疣等患部上，長時間發揮藥效。OK繃兩端，可纏繞於腳趾上加強固定。依患部範圍大小，有S／M／L等3種尺寸可供選擇之外，也有一整片的Free Size類型，可根據需求自由裁切使用。

第**2**類 医薬品	Ibokorori	ウオノメコロリ絆創膏

🏠 廠商名稱	横山製薬株式会社
¥ 容量/價格	(左)腳趾用 12個 1,080円 (右)足底用　6個 1,080円
🔍 主要成分	水楊酸
✦ 適應症	雞眼、硬繭、贅疣

👤 用法用量	年齡	單次使用量	單日次數
	7歲以上	1枚	2～3天1次
	未滿7歲	不建議使用	

專為腳趾與腳底那些帶有疼痛感的雞眼、硬繭所研發，是一款服貼性相當高的護墊型貼片。只要像貼布一樣地黏貼於患部，就可以軟化並去除乾硬的患部皮膚。藥劑周圍的墊片能阻隔患部與鞋襪直接碰觸，藉此降低疼痛不適感，特別適合用來對付腳底較大的雞眼。

仁丹
研發靈感來自台灣

紅遍台日兩地的口袋神丹

　　裝在厚實玻璃瓶中，那一粒粒散發出中藥味，嘗起來略帶苦味以及清涼感的銀色小藥丸，就是台日兩地許多人再熟悉不過的仁丹。

　　仁丹創始人「森下博」在日治時期曾隨軍隊來到台灣。相傳森下先生在台灣經常看見台灣人從懷裡掏出小藥丸服用，於是在回到日本後，便以預防疾病的出發點，開發出能隨身攜帶的小藥丸。在歷經數次改良後，於1929年推出的第三代「銀粒仁丹」，便一路流傳並廣受人們愛用至今。

　　在日本，仁丹被歸類為口腔清涼劑，每一粒都是由16種中藥成分所製成。許多日本人都會拿來提神醒腦。除此之外，也很適合在宿醉等噁心想吐的情況下，或是在意口氣問題時，含在口中服用。

仁丹	仁丹	医藥部外品

廠商名稱	森下仁丹株式会社
容量/價格	3,250粒 1,500円
主要成分	阿仙藥、甘草、甘草萃取粉末、桂皮、丁香、益智、縮砂、木香、生薑、茴香、薄荷、桂皮油、丁香油、胡椒薄荷油
適應症	煩躁不安、口臭、宿醉、胸悶、噁心嘔吐、胃酸逆流、暈眩、中暑、暈車

用法用量

年齡	單次使用量	單日次數
15歲以上	10粒	最多10次
11～14歲	7粒	
8～10歲	5粒	
5～7歲	3粒	
未滿5歲	不宜服用	

三大特色

1 能在口中散發出舒暢的清涼感！

2 推薦在心情煩躁、口臭、宿醉、暈車時服用！

3 由16種中藥成分製成！

MEDICARE系列

日本百年品牌「森下仁丹」於1970年創立了自我藥療（Self-medication）品牌。包括人氣度相當高的口唇護理用藥之外，還有許多皮膚用藥、創傷用藥以及OK繃等傷口護理產品。

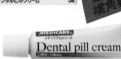

適用唇唇、嘴角發炎

適用口內炎

MEDICARE	デンタルピルクリーム
🏠 廠商名稱	森下仁丹株式会社
¥ 容量/價格	5g 1,200円

添加具備消炎作用的皮質類固醇「潑尼松龍」，能從根本抑制引起發炎症狀成因的口唇嘴角炎治療乳膏。除此之外，再搭配殺菌成分，能夠防止嘴唇或嘴角發炎部位惡化。在使用年齡限制上，一般建議三歲以上才能使用。

MEDICARE	デンタルクリーム
🏠 廠商名稱	森下仁丹株式会社
¥ 容量/價格	5g 980円

添加兩種局部麻醉止痛成分以及殺菌成分，能夠直接塗抹在嘴破患部上的治療軟膏。軟膏當中添加薄荷醇成分，可提升鎮靜患部不適的作用。

RAViS 系列

針對黯沉、細紋以及乾燥問題，添加維生素A、維生素E、CoQ10以及玻尿酸等抗齡保濕成分的局部保養膜系列。依照眼周細紋以及唇周法令紋等不同保養部位需求，採用兩種不同剪裁。局部保養膜本身的貼合性相當高，就算貼著睡一整晚也不容易脫落，而且還能像蓋子一般，讓脂溶性深層保濕因子持續滲透肌膚不蒸發。雖然能夠服貼一整晚，但使用起來卻乾爽不悶熱。

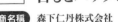

RAViS	目もとパックシート
🏠 廠商名稱	森下仁丹株式会社
¥ 容量/價格	2片×5組 500円

RAViS	口もとパックシート
🏠 廠商名稱	森下仁丹株式会社
¥ 容量/價格	2片×5組 500円

パルモア
包辦各種肌膚健康問題

市面少見的醫藥級胎盤素治療軟膏

 三宝製藥株式会社

PALMORE	パルモアー

🏠 **廠商名稱** 三宝製藥株式会社

¥ **容量/價格** 7g 1,100円 / 14g 1,900円

🔍 **主要成分** 胎盤素

💬 **適應症** 肌膚粗糙、濕疹、富貴手、唇炎、唇裂、唇乾燥症、皮膚龜裂、指溝乾裂、痤瘡（痘痘）、供給皮膚營養及保護、脂漏性皮膚炎、玫瑰糠疹、光敏感性皮膚炎、酒糟性皮膚炎、其他皮膚乾燥及角化症

👤 **用法用量**

年齡	單次劑量	單日次數
任何年齡皆適用	適量	2～3次

近年來胎盤素備受世人矚目，成為日本高人氣的美白抗齡保養成分。三寶製藥所推出的パルモアー（PALMORE）高濃度醫藥級胎盤素軟膏更是走在時代前端，已經熱賣長銷達半個世紀以上。

胎盤素中富含維生素、礦物質、胺基酸及酵素，具有活化肌膚新陳代謝與軟化角質等作用。其中維生素B6衍生物更能夠讓肌膚顯得水潤有光澤。

不只能搞定一般護唇膏無法解決的雙唇乾裂與脫皮等問題，也適用於手肘、膝蓋或腳跟等皮膚容易乾燥龜裂的部位。此外，對於家庭主婦或工作時須要經常碰水的人來說，パルモア可以改善手部濕疹或皮膚炎等困擾，是日常生活中不可或缺的好幫手。

由於成分中不含類固醇，從小孩到年長者都能安心使用，所以早就成為日本許多家庭必備，用以應對肌荒、濕疹以及粗糙等各種肌膚健康問題的常備藥。

三大特色

1 採用日本國產胎盤素製作的治療軟膏！

2 醫藥等級的保濕潤澤力！

3 不含類固醇，全家大小都適用！

サロンパス®
ツボコリ® パッチ
鎖定肩頸僵硬與腰部痛點
日本知名貼布大廠推出的圓形溫感穴道貼布

第**3**類
医薬品

　　日本痠痛貼布大廠久光製藥所推出的圓形溫感穴道貼布。除消炎及促進循環的西藥成分外，還額外添加具抑制發炎作用的中藥材黃柏萃取物。搭配溫感刺激的方式，可促進患部血液循環，特別適合用來對付肩頸僵硬或肌肉痠痛等問題。

Salonpas®	サロンパス® ツボコリ® パッチ	
廠商名稱	久光製藥株式會社	
容量/價格	160枚 1,200円	
主要成分	水楊酸乙二醇酯、l-薄荷醇、黃柏末、生育酚醋酸酯、壬酸香蘭基醯胺	
適應症	肩頸僵硬、腰痛、肌肉痠痛、肌肉疲勞、跌打損傷、扭傷、關節痛、骨折痛、凍瘡	

用法用量	年齡	單次使用量	單日次數
	任何年齡皆適用	無特別限制	數次

　　貼片本身具有彈性，即使貼在經常需要活動的部位上，也不容易捲翹變形。相較於傳統貼布，直徑約2.5公分的圓形小貼片設計，更方便局部貼在肩部、背部、腰部以及小腿肚等部位。

　　由於這款穴道貼布屬於氣味較淡的微香型，不會有傳統貼布濃烈的藥味，所以就算貼著貼布外出或進入辦公室，也不容易被發現自己貼了痠痛貼布。

1 可鎖定並貼附於局部痠痛部位！
2 添加具抑制發炎作用的中藥材！
3 貼片有彈性且不具刺鼻氣味！

正露丸
木餾油獨特的懷舊氣味

大幸藥品

腹瀉、腸胃不適時總會想到它

喇叭牌正露丸——在台灣被許多人視為安心保證的胃腸良藥，在日本更是暢銷超過百年的家庭常備藥，而在華人圈裡，也一直被廣為流傳，不但效果卓著且經濟實惠，赴日旅遊時常會指名購買。

主成分為日本藥典木餾油，成分天然，經胃部為人體吸收後，能在不破壞腸道菌叢的情況下，調整腸內水分平衡，並使腸道蠕動恢復正常，從而發揮功效。對於由食物或飲水所引起的腸胃不適、消化不良以及受到壓力等因素所引起的軟便和腹瀉，效果特別顯著。

正露丸 **正露丸**

第2類医薬品

- 🏠 廠商名稱　大幸薬品株式会社
- ¥ 容量/價格　50粒 800円 / 100粒 1,000円　200粒 1,800円 / 400粒 3,200円
- 🔍 主要成分　木餾油、阿仙末、黃柏末、甘草末、陳皮末
- ✏ 適應症　軟便、腹瀉、因食物或飲水引起的腹瀉、上吐下瀉、瀉肚、因消化不良引起的腹瀉、齲齒痛

👤 用法用量

年齡	單次劑量	單日次數
15歲以上	3粒	3次
11～14歲	2粒	
8～10歲	1.5粒	
5～7歲	1粒	
未滿5歲	不宜服用	

傳用超過百年的胃腸良藥。對許多日本及亞洲家而言，不僅是經濟實惠的常備藥，更是出國時的備品。能有效改善因水土不服、飲食過多、壓力消化不良……等諸多原因所引發的腹瀉及腸胃不問題，甚至還可作為齲齒疼痛時的應急藥。

正露丸 **セイロガン糖衣A**

第2類医薬品

- 🏠 廠商名稱　大幸薬品株式会社
- ¥ 容量/價格　36錠 900円 / 84錠 2,800円
- 🔍 主要成分　木餾油、老鸛草末、黃柏干浸膏
- ✏ 適應症　軟便、腹瀉、因食物或飲水引起的腹瀉、上吐下瀉、瀉肚、因消化不良引起的腹瀉

👤 用法用量

年齡	單次劑量	單日次數
15歲以上	4錠	3次
11～14歲	3錠	
5～11歲	2錠	
未滿5歲	不宜服用	

誕生於1981年的正露丸姐妹品。在糖衣包覆下，天然木餾油的特殊氣味改善許多。白色無味，方攜帶、容易吞服，是許多日本人外出洽公、旅遊的必備藥品。

三大特色

1 超過120年歷史的胃腸良藥！

2 主成分完全取自天然！

3 日本生產品質優良！

バストミン
市面上稀有且獨特，專為女性更年期障礙症狀所研發

日本女性用來呵護自己的私密神藥

DAITO 大東製藥工業株式会社
DAITO Pharmaceutical Co., Ltd.

　　由雌二醇以及乙炔雌二醇所調配而成的女性荷爾蒙製劑。採方便塗抹的乳膏劑型，使用感清爽不黏膩，但因為帶有些微刺激性，所以僅適用於外陰部、手、腳或是腰部等部位的皮膚上，透過局部少量塗抹方式進行投藥，副作用風險相對較作用於全身的口服藥安全許多。此外，本產品也能用於改善陰部的乾燥症狀，因此是許多日本女性用來應對更年期各種不適症狀的私密神藥。

BUSTMIN　バストミン

🏠 廠商名稱	大東製藥工業株式会社
¥ 容量/價格	4g 3,600円
🔍 主要成分	雌二醇、乙炔雌二醇
💬 適應症	女性更年期障礙、雌激素不足所引發之症狀。

👤 **用法用量**

年齡	單次劑量	單日次數
更年期後女性	擠出約1公分乳膏	1次(請於沐浴後使用)
更年期前女性	不建議使用	
使用說明	·尚未停經女性，建議於生理期結束後開始使用。療程循環為生理期結束後使用2星期，然後停藥直到下一次生理期結束。後續使用週期則依此類推。 ·已停經女性可直接使用。療程循環為使用2星期、停藥2星期。後續使用週期則依此類推。	

三大特色

1 簡單方便，就能補充分泌量不足的女性賀爾蒙！

2 能局部為陰部補充不足的女性荷爾蒙！

3 經由皮膚吸收，微量漸次補充，安心感UP！

大草胃腸散
融合珍稀牛膽汁萃取末，獨家祖傳的8種中藥配方

備受老顧客擁戴的隱藏版胃腸神藥

| 日邦藥品 | 大草胃腸散顆粒（分包） |

🏠 **廠商名稱**　大草藥品株式会社

¥ **容量/價格**　22包 1,250円 / 46包 2,200円
88包 3,600円

🔍 **主要成分**　黃柏末、黃連末、桂皮末、丁香末、生薑末、茴香末、枳實末、牡蠣末、牛膽汁萃取末、沉澱碳酸鈣、矽酸鎂

🏃 **適應症**　胃痛、胃酸過多、胃重、胃漲、腹漲、胃部不適、胃弱、火燒心、胸悶、胃悶痛、噁心感（反胃、宿醉、爛醉引起的噁心、乾嘔、噁心）、食慾不振（食慾消退）、打嗝、嘔吐、飲酒過量、吃太飽、消化不良

第3類医藥品

大草胃腸散是源自長野縣大草家的祖傳祕方，對於大多數外國人而言，是相對較為陌生的OTC胃腸藥。然而在日本，卻是受到眾多老顧客信賴、長銷近90年的一款「隱藏版」胃腸神藥。

👤 **用法用量**

年齡	單次使用量	單日次數
15歲以上	1包	
11歲以上未滿15歲	2/3包	
8歲以上未滿11歲	1/2包	1日3次（飯後服用）
5歲以上未滿8歲	1/3包	
3歲以上未滿5歲	1/4包	
未滿3歲	不宜服用	

大草胃腸散的最大特色，就是平衡調合了8種中藥成分，不限體質皆可服用，不僅能緩解一般消化不良所引起的腸胃不適，所添加的桂皮、茴香、丁香、牡蠣等「補氣劑」，也能同時應對壓力過大等原因所引起的神經性相關胃痛等問題。

三大特色

1 小包裝方便攜帶，顆粒製劑容易吞服！

2 採用珍貴中藥材原末，而非加工萃取物！

3 添加獨特牛膽汁成分，為獨家祖傳配方！

大部分的胃腸藥，都會添加碳酸氫鈉（小蘇打）作為制酸劑，然而對於血壓過高，需要控制「鈉」攝取量的族群來說，碳酸氫鈉中所含的「鈉」，也可能會對血壓造成不良影響。針對這點，大草胃腸散則是採用牡蠣末、沉澱碳酸鈣及矽酸鎂作為制酸劑，對於需要長期服藥調理腸胃狀態，卻又在意血壓問題的人而言，是能夠兼顧的理想選擇。

除顆粒劑型外，大草胃腸散還有粉末更為細緻的「散劑」，以及推薦給習慣吞藥服丸者的「錠劑」可供選擇。

太田胃散
改良自英國配方

活用自然中藥材的百年護胃良藥

（Ohta）太田胃散

ありがとう いいくすりです

太田胃散	太田胃散＜分包＞
🏠 **廠商名稱**	株式会社太田胃散
¥ **容量/價格**	16包　590円 / 32包 1,120円 48包 1,580円
🔍 **主要成分**	桂皮、小茴香、肉豆蔲、丁香、陳皮、龍膽、苦木粉、碳酸氫鈉、沉澱碳酸鈣、碳酸鎂、矽酸鋁、複合消化酶
✦ **適應症**	飲酒過量、胃灼熱、胃部不適、胃部虛弱、胃積滯、飲食過多、胃痛、消化不良、促進消化、食慾不振、胃酸過多、胃腹脹滿、噁心、嘔吐、胸口悶氣、噯氣、胃重

第2類医藥品

誕生於1879年，在日本長銷超過140年的太田胃散，在台灣等華語圈當中，也是知名度相當高的護胃良藥。帶有獨特香氣的太田胃散，其處方最早源自於英國，創業者太田信義在取得處方之後，因應時代變化加以改良，便調製出這款大家所熟知的太田胃散。

太田胃散添加了7種健胃中藥材、4種作用時間不同的制酸劑，以及可幫助澱粉與蛋白質消化的消化酵素，可用來應對各種胃部不

適症狀。藥粉本身相當細緻，不只有中藥材的芳香，更因為添加有清涼感的薄荷醇，所以服用時會有一股相當清爽的清涼感。

👤 用法用量

年齡	單次使用量	單日次數
15歲以上	1包	1日3次
8～14歲	1/2包	
未滿8歲	不宜服用	

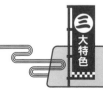

三大特色

1 方便攜帶的各別包裝，能提升外出服藥的便利性！

2 添加健胃中藥、制酸劑與消化酵素，可應對各種胃部不適的胃散！

3 服用時會有一股舒服的薄荷清涼感！

健のう丸
120多年來不斷進化

純中藥調製而成的便祕藥

タンペイ製薬

1896年上市的健腦丸，最早是創業者「森平兵衛」為解決自身頭重及思緒不清的煩惱，在接受藥學教官指導下，嘗試調劑配方所完成的第一代健腦丸。

其後，歷經數次處方調整，目前市面上所販售的健腦丸，已經更名為「健のう丸」，成為一款以植物性成分為主的便祕藥，因此，也有不少人直稱它為「便祕丸」。

換個角度想，一旦便祕問題獲得解決，頭腦思緒確實也會清晰許多，因此從健腦丸到便祕藥，其實並沒有違和感。

便秘薬〈生薬製剤〉

健のう丸

第2類医薬品

健腦丸的另一個特色，就是能配合便祕程度與自身體質，在建議服用量範圍內進行微幅調整。只要於睡前服用適當劑量，隔日就能在趨近自然的狀態下出現便意。一般來說，在服藥後8～12小時就會出現便意，所以可搭配自身作息來調整服藥時間。

KENNOGAN	健のう丸
廠商名稱	丹平製薬株式会社
容量/價格	540粒 1,800円 / 1,200粒 3,600円
主要成分	大黃末、蘆薈末、番瀉甘、鈣
適應症	便祕 便祕伴隨之以下症狀：頭重、頭昏、肌膚粗糙、痘痘、食慾不振（食慾減退）、腹脹、腸內物質異常發酵、痔瘡

用法用量

年齡	單次使用量	單日次數
15歲以上	2～3日未排便時：6～9粒 4日以上未排便時：9～12粒	
11歲以上 未滿15歲	2～3日未排便時：4～6粒 4日以上未排便時：6～8粒	1次
7歲以上 未滿11歲	2～3日未排便時：3～4粒 4日以上未排便時：4～6粒	
未滿7歲	不宜服用	

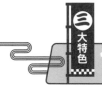

三大特色

1 全植物成分的便祕藥！

2 可彈性調整服藥量！

3 藥丸小顆，方便吞服！

救心
守護心臟健康的百年常備藥

以珍稀藥材調製而成的祖傳藥方

🔷 救心製藥株式会社

630粒

精選生藥循環器用藥

和漢煉成 救心
救心製藥株式会社
第2類医藥品

創立於1913年,來自日本藥都富山的「救心」,其雛型為武師崛喜兵衛所親手調配、名為「一粒藥」的武術內傷用藥。有別於一般腸胃藥或感冒藥為有症狀時才服用的常備藥,「救心」更傾向於平時就能服用的保養用藥,因此就連重視心臟保健的健康人士也都能服用。

歷史超過百年的「救心」,是由獨特且珍貴的動、植物中藥材所調製而成。在日本,許多爬樓梯容易氣喘吁吁、爬山或在太陽底下活動時經常不自覺的思緒斷片,或是氣溫變化大時容易心悸的人,都會把「救心」當成日常保健用藥。正因為其配方及適應症具有不可取代的特色,所以在邁入高齡化社會的日本和華語圈,才會成為一款屹立不搖且備受信賴的家庭常備良藥。

Kyushin	救心		
🏠 廠商名稱	救心製藥株式会社		
¥ 容量/價格	30粒 2,200円 / 60粒 4,100円 / 120粒 7,600円 310粒 17,000円 / 630粒 31,000円		
🔍 主要成分	蟾酥、牛黃、鹿茸末、人參、羚羊角末、珍珠、沉香、龍腦、動物膽		
🎯 適應症	心悸、氣促、眩暈		
👤 用法用量	年齡	單次劑量	單日次數
	15歲以上	2粒	1日3次
	未滿15歲	不宜服用	

三大特色

1 藥粒體積小、易吞服、溶解快!

2 以珍貴的動、植物中藥材所調製而成!

3 逾百年歷史,深受信賴的心臟保健常備藥!

奥田脳神経薬

來自古都奈良，以追求人類與自然協調為概念的百年藥廠

OKUDA 奥田製薬株式会社

　　在日本藥妝店中，奧田腦神經藥堪稱是最具特色且同質性商品極為少見的OTC醫藥品。其特色在於，它是為了幫助受到壓力所苦，進而引發各種身心不適症狀的現代人，所特別研發的一款家庭常備藥。

　　奧田製藥指出，許多現代人都處於高度壓力狀態下。而現代人所承受的壓力，不僅是源自於心理方面的精神壓力，也來自於溫差變化、氣壓變化以及天氣變化等環境因子。這些壓力，都會造成自律神經失調，進而引發耳鳴、眩暈、頭痛、肩頸僵硬以及焦慮等問題。

　　針對這些身心失調所引發的各種不適症狀，奧田製藥融合東西方醫學結晶，結合3種速效型西藥成分，以及7種調理型中藥成分，調配出獨一無二的處方。

　　在日本，問世超過一甲子的奧田腦神經藥，是深受高齡者所信賴的家庭常備藥，同時也擁有不少因工作忙碌而感到壓力山大，需要安定身心、調節自律神經的上班族鐵粉。

| Okuda | 奥田脳神経薬 |

| 🏠 廠商名稱 | 奧田製薬株式会社 |

| ¥ 容量/價格 | 70錠 2,458円 / 150錠 4,743円
340錠 9,000円 |

| 🔍 主要成分 | 釣藤末、人參末、酸棗仁、天南星末、辛夷末、淫羊藿末、細辛末、芸香苷、咖啡因水合物、溴異戊醯脲、甘油磷酸鈣 |

| 🎯 適應症 | 耳鳴、眩暈、肩頸僵硬、心浮氣躁、頭痛、頭重、潮熱、焦慮 |

👤 用法用量	年齡	單次劑量	單日次數
15歲以上	5錠	1日2次
未滿15歲	不宜服用	

三大特色

1 融合3種西藥與7種中藥的獨家配方！

2 專門對應現代人由於各種壓力所造成的身心失調與不適！

3 方便吞服的錠劑類型！

指定
第2類
医薬品

メンソレータム軟膏
家家戶戶必備的皮膚萬用軟膏

源自於美國, 茁壯於日本

熱銷全球近130年，幾乎每個人都曾使用過的小護士曼秀雷敦軟膏。

以凡士林為基底，搭配薄荷油與尤加利油調製而成，使用起來帶有些微清涼感，以及一股令人熟悉的清新香氣。只要塗抹於皮膚表層，即可形成能有效隔絕刺激的保護層，適合全家大小用來應對癢癢感以及皮膚乾裂等問題。

相信對許多人而言，存在於家中某個角落、有著小護士圖樣，過去最早音譯為「面速力達母」的曼秀雷敦軟膏，不僅是一款能用來解決各種皮膚小問題的藥膏，更是一個跨越世代共同的溫暖記憶。

NEVER SAY NEVER
ロート製藥

【ご家庭の常備藥】
ナースマークの
メンソレータム
世界中のご家庭で100年以上使われている皮ふ用藥ブランドです。
第3類醫藥品

MENTHO LATUM	**メンソレータム軟膏c**		
🏠 廠商名稱	ロート製藥株式会社		
¥ 容量/價格	12g 380円 / 35g 680円 75g 900円		
🔍 主要成分	dl-樟腦、l-薄荷醇、桉油		
🎯 適應症	龜裂、指溝乾裂、凍瘡、瘙癢		
👤 用法用量	年齡	單次使用量	單日次數
	任何年齡皆適用	適量	適度

第**3**類
醫藥品

三大特色

1 可保護皮膚不受外界刺激！

2 塗抹後會帶有一股舒服的清涼感！

3 獨特配方，可緩解瘙癢不適症狀！

4
CHAPTER

日本人的

醫藥保健

百保能
在日長銷67年的綜合感冒藥

『効いたよね、早めのパブロン』
（及早服用，真有效）

　　品牌誕生於1927年，在日本主打「家庭、親情、關懷」溫馨路線的大正百保能，最早是以止咳藥起家，直到1955年，才正式推出能緩解各種感冒症狀的綜合感冒藥。隨著時代變遷，順應大眾對於感冒藥的需求變化，大正百保能也歷經數次改版與進化，成為日本當地無人不知的家庭常備藥品牌。

指定
第2類
医薬品

PABRON

パブロンゴールドA＜微粒＞
パブロンゴールドA＜錠＞

12歳以上

⌂ 廠商名稱　大正製薬

🔍 主要成分　癒創木酚甘油醚（呱芬那辛）、磷酸雙氫可待因、dl-鹽酸甲基麻黃鹼（消旋鹽酸甲基黃錠）、乙醯胺酚、馬來酸氯苯那敏、無水咖啡因、核黃素（維生素B2）

🏹 適應症　感冒的各種症狀（流鼻水、鼻塞、打噴嚏、喉嚨痛、咳嗽、痰、畏寒、發燒、頭痛、關節痛、肌肉痠痛）

眾多台灣旅客赴日必定掃貨的家庭常備藥，除藥效備受肯定外，容易服用的藥粉劑型以及方便攜帶的獨立小包裝，都是百保能GOLD A綜合感冒藥粉人氣持久不墜的主因。若是不喜歡藥粉的苦味，建議可以選擇錠劑。

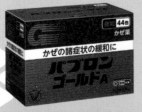

微粒タイプ［藥粉］

¥ 容量/價格　28包 1,870円 / 44包 2,750円

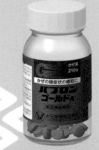

錠剤タイプ［藥錠］

¥ 容量/價格　130錠 1,870円 / 210錠 2,750円

パブロンエースPro＜微粒＞
パブロンエースPro＜錠＞

15歳以上

廠商名稱	大正製薬

主要成分	布洛芬、L-羧甲司坦、鹽酸氨溴索、磷酸雙氫可待因、dl-鹽酸甲基麻黃鹼、馬來酸氯苯那敏、核黃素（維生素B2）

適應症	感冒的各種症狀（喉嚨痛、咳嗽、痰、流鼻水、鼻塞、打噴嚏、發燒、畏寒、頭痛、關節痛、肌肉痠痛）

適用於難纏感冒症狀的百保能綜合感冒藥。以整個百保能感冒藥品牌來看，退燒止痛成分布洛芬的添加劑量為單日最高的600毫克，同時再搭配4種止咳祛痰成分。藥粉採獨家包覆技術，能降低入口時苦味感。除了藥粉外，同樣也有錠劑可供選擇。

微粒タイプ［藥粉］

¥ 容量/價格	6包 1,380円 / 12包 1,980円

錠劑タイプ［藥錠］

¥ 容量/價格	18錠 1,380円 / 36錠 1,980円

パブロンキッズ かぜシロップ

廠商名稱	大正製薬
¥ 容量/價格	120mL 900円

3個月〜6歲
［藥水］

採用孩童喜歡的草莓口味所開發的感冒糖漿。3個月以上就可服用，適合還不會吞服藥粉或藥錠的幼童服用。

1歲〜10歲
［藥粉］

5歲〜14歲
［藥錠］

パブロンキッズ かぜ微粒

廠商名稱	大正製薬
¥ 容量/價格	12包 900円

適合1〜10歲孩童的草莓口味感冒藥粉。搭配開水服用時，藥粉本身可快速溶解，沒有小朋友討厭的刺鼻苦藥味。

パブロンキッズ かぜ錠

廠商名稱	大正製薬
¥ 容量/價格	40錠 900円

適合5〜14歲孩童服用的感冒錠。藥錠體積小，外層裹有極薄的糖衣，入口時口感微甜而容易服用。

Lulu感冒藥
在日本代代相傳超過70年

台灣人也備感信賴的
日本複方感冒錠劑先驅

　　「日本感冒打噴嚏3次，就交給3顆Lulu感冒錠！」這是許多日本人所熟悉的Lulu感冒藥廣告詞。誕生於1951年的Lulu感冒藥，據傳是日本最早將數種帶有苦味的處方成分包覆於糖衣當中，製成小錠劑容易吞服之綜合感冒藥的鼻祖——無論是複方成分或小錠劑糖衣製劑技術，都曾在日本引起不小的革命性話題。

	新ルル-A錠s
⌂ 廠商名稱	第一三共ヘルスケア
¥ 容量/價格	50錠 1,500円 / 100錠 2,450円 150錠 3,100円

指定 第2類 医薬品

添加8種能應對各種感冒症狀成分的綜合感冒藥。小型糖衣錠非常容易吞服，是許多台灣人在日本藥妝店採購時，必定會放進購物籃的常備藥之一。

 12歲以上

	新ルル AゴールドDXα
⌂ 廠商名稱	第一三共ヘルスケア
¥ 容量/價格	30錠 1,000円 / 60錠 1,700円 90錠 2,200円

 7歲以上

指定 第2類 医薬品

Lulu感冒錠的配方升級版，能強化應對各種不同感冒症狀，尤其是添加了第一三共原廠的傳明酸成分，更能有效舒緩喉嚨腫痛的不適感。

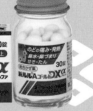

ルルアタックプレミアム
(Lulu Attack Premium)系列

　　Lulu感冒藥家族中的頂級強化版系列。抗發炎成分再升級，能對付各種引發感冒不適感的「發炎」症狀。根據感冒症狀的不同，推出了以下三款能應對特定症狀的藥品，患者可依自身感受，聰明選擇最適合自己的類型。
(指定第2類医薬品)

ルルアタックEXプレミアム
能強化應對喉嚨痛及發燒等症狀。

ルルアタックNXプレミアム
能強化應對流鼻水與鼻塞等鼻炎症狀。

ルルアタックCXプレミアム
能強化應對造成夜間難以入眠的咳嗽與痰液過多症狀。

綜合感冒藥

指定 第2類 医薬品

KAIGEN 改源錠

🏠 廠商名稱 カイゲンファーマー

¥ 容量/價格 36錠 1,180円 / 60錠 1,800円

融合三種消炎止痛西藥成分，以及三種能提升人體自癒力的中藥成分，是日本藥妝店中相當少見的和漢複合型綜合感冒藥。藥錠小，易吞服。

指定 第2類 医薬品

Stona ストナアイビージェルS

🏠 廠商名稱 佐藤製藥

¥ 容量/價格 18顆 1,600円 / 30顆 2,450円

同時搭配布洛芬、傳明酸以及無水咖啡因，是一款強化適用於發燒及喉嚨痛等症狀的綜合感冒藥。透明的液態膠囊劑型，能快速溶解並發揮成分作用。

指定 第2類 医薬品

STAC 新エスタック顆粒

🏠 廠商名稱 エスエス製藥

¥ 容量/價格 22包 2,200円 / 36包 3,500円

採用中藥「葛根湯加桔梗」為基底，再搭配退燒止痛與抗過敏成分，是一款可強化應對喉嚨痛、咳嗽以及痰液等症狀的顆粒藥粉型綜合感冒藥。

指定 第2類 医薬品

COLGEN KOWA コルゲンコーワ IB透明カプセルαプラス

🏠 廠商名稱 興和

¥ 容量/價格 18顆 1,500円 / 30顆 2,000円

添加高劑量退燒止痛成分布洛芬的液態膠囊型綜合感冒藥。特別強化止咳與祛痰成分，能應對感冒後期難纏的咳嗽症狀。

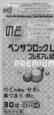

指定 第2類 医薬品

BENZABLOCK ベンザブロックLプレミアム錠

🏠 廠商名稱 アリナミン製藥

¥ 容量/價格 30錠 1,598円 / 45錠 1,998円

搭配7種解熱鎮痛、抗過敏以及祛痰成分的強效配方，能抑制黏膜發炎，輔助痰液排出，緩解鼻塞，適合感冒初期最先出現喉嚨痛症狀的族群。

綜合感冒藥

指定第2類醫藥品

PYLON　パイロン PL顆粒Pro

廠商名稱　シオノギヘルスケア

¥ 容量/價格　12包 1,680円

小包裝顆粒藥粉型，適用於喉嚨疼痛與鼻子過敏等相關症狀的綜合感冒藥。有別於其他綜合感冒藥，雖然每日建議服用次數為4次，但原則上每次需間隔4小時以上。

第2類醫藥品

Kracie Kampo

葛根湯エキス顆粒Aクラシエ

廠商名稱　クラシエ薬品

¥ 容量/價格　10包 1,800円

適用於感冒初期的漢方感冒藥。尤其適合用來應對畏寒、頭痛以及肩頸僵硬等症狀較明顯的時候。由於不含嗜睡成分，因此也很適合駕駛交通工具、操作機械的人或是考生拿來對付初期感冒不適。

指定第2類醫藥品

Lulu　ルルアタックEX

廠商名稱　第一三共ヘルスケア

¥ 容量/價格　12錠 1,200円 / 18錠 1,600円
24錠 2,000円

同時搭配兩種抗發炎成分，以及多種抗過敏、袪痰成分的綜合感冒藥。強效配方，即使是吞口水就會感覺疼痛不舒服的喉嚨問題也有感。

指定第2類醫藥品

JIKININ　新ジキニン顆粒

廠商名稱　全薬工業

¥ 容量/價格　10包 1,300円 / 16包 1,900円
22包 2,400円

日本藥妝店中少數搭配甘草萃取物與西藥成分的綜合感冒藥。主打藥效溫和，適合全家大小服用，在日本銷售排行榜上經常可見其蹤影，也是不少台灣人所慣用的家庭常備藥。

第2類醫藥品

Kracie Kampo

銀翹散エキス顆粒Aクラシエ

廠商名稱　クラシエ薬品

¥ 容量/價格　9包 1,800円

收錄於清代醫書《溫病條辨》當中的藥方。可用於應對感冒初期的喉嚨痛、頭痛以及咳嗽等症狀，對於感冒時先出現呼吸道症狀的人來說，算是一款相當適合的常備藥。

喉嚨不適用藥

第3類醫藥品

HARENURSE

ハレナース

🏠 **廠商名稱** 小林製藥

¥ **容量/價格** 9包 1,200円 / 18包 2,200 円

專為扁桃腺腫脹等不適症狀所開發,添加兩種抗發炎成分,能為喉嚨帶來舒服清涼感。顆粒藥粉劑型入口即化,不需搭配開水也能服用。

第3類醫藥品

PELACK

ペラックT錠

🏠 **廠商名稱** 第一三共ヘルスケア

¥ **容量/價格** 18錠 1,200円 / 36錠 2,200円
54錠 2,800円

採用兩種抗發炎成分與三種黏膜修復成分,可舒緩因環境乾燥、使用過度或外來刺激等非感冒因素所引起的喉嚨疼痛問題。

第3類醫藥品

PABRON

パブロンのど錠

🏠 **廠商名稱** 大正製藥

¥ **容量/價格** 18錠 1,200円 / 36錠 2,200円

喉嚨疼痛專用,專為扁桃腺發炎,或是乾燥、菸酒、K歌等原因所引起的咽喉發炎而研發。採用不需配水即可服用的口含錠劑型,而且餐前餐後皆可服用,便利性相當高。

指定第2類醫藥品

VICKS

メディカル トローチ

🏠 **廠商名稱** 大正製藥

¥ **容量/價格** 24錠 700円

能舒緩喉嚨乾痛的口含錠,同時也能應對感冒後期所殘留的咳嗽問題。抹茶口味在喉嚨用藥中相當少見,只要年滿8歲以上皆可使用。建議一天服用上限為6次,且每次需間隔2小時以上。

第3類醫藥品

FINISH

フィニッシュコーワ

🏠 **廠商名稱** 興和

¥ **容量/價格** 18mL 1,100円 / 25mL 1,500円

主成分是俗稱「優碘」的普維隆碘,噴霧劑型使用便利,可將導管伸入口中,直接對著喉嚨患部噴灑,發揮殺菌作用。除了原味之外,還有清涼薄荷以及白葡萄口味可供選擇。

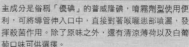

第2類醫藥品

PITAS

ピタスせきトローチ

🏠 **廠商名稱** 大鵬藥品

¥ **容量/價格** 30錠 1,486円 / 45錠 1,800円

日本藥妝店中較少見的貼片型鎮咳藥。只要貼在舌頭或上顎壁,貼片便會慢慢溶解並發揮作用。薄片包裝方便攜帶,服用時仍能正常說話與交談,不會造成生活上的困擾。

ロキソニンS系列

第一三共
原創醫療處方用藥

廣受日本人青睞的止痛藥品牌

　　系列共通主成分「洛索洛芬鈉水合物」（Loxoprofen Sodium Hydrate）為三共（現今為第一三共）於1986年所研發的「非類固醇消炎止痛」處方成分，在日本藥事法規修訂下，於2011年鬆綁，成為不需要處方箋即可在藥妝店自行購入的止痛藥成分。但由於目前被歸類為「第1類医薬品」，仍須於有藥劑師執業時的藥妝店或藥局才能進行販售。正因為ロキソニンS系列藥效迅速且確實，所以對許多日本人而言，是備受信賴的止痛類新神藥！

第1類医薬品

LOXONIN

ロキソニンSプラス

🏠 **廠商名稱**　第一三共ヘルスケア

¥ **容量/價格**　12錠 698円

Q **主要成分**　洛索洛芬鈉水合物、氧化鎂

LOXONIN粉紅色包裝為添加氧化鎂的護胃版本，適合胃部易因服藥而感到不適的人。

第1類医薬品

LOXONIN

ロキソニンSクイック

🏠 **廠商名稱**　第一三共ヘルスケア

¥ **容量/價格**　12錠 798円

Q **主要成分**　洛索洛芬鈉水合物、矽酸鎂鋁

鎮痛解熱的成分和劑量，與粉紅色包裝版本相同，但護胃分則是選用更加溫和的矽酸鎂鋁，並採速崩溶解製劑技術短時間內快速發揮效果可期。

第1類医薬品

LOXONIN

ロキソニンS

🏠 **廠商名稱**　第一三共ヘルスケア

¥ **容量/價格**　12錠 648円

Q **主要成分**　洛索洛芬鈉水合物

LOXONIN白盒為系列最早推出的基本款，是許多日本人選擇洛索洛芬鈉製劑的入門首選。

第1類医薬品

LOXONIN

ロキソニンSプレミアム

🏠 **廠商名稱**　第一三共ヘルスケア

¥ **容量/價格**　12錠 698円 / 24錠 1,180円

Q **主要成分**　洛索洛芬鈉水合物、烯丙基異丙基酰脲、無水咖啡因、矽酸鎂鋁

額外添加兩種強化止痛作用成分，具有藥效迅速確實、速度快、且對胃較溫和等優點。

ロキソニンS系列共通適應症：

頭痛、月經痛（生理痛）、牙痛、拔牙後疼痛、喉嚨痛、腰痛、關節痛、神經痛、肌肉痛、肩部僵硬疼痛、耳痛、跌打損傷疼痛、骨折痛、扭傷疼痛、外傷疼痛之消痛、畏寒‧發燒時的解熱。

止痛藥

指定第2類医薬品	イブA錠
EVE	

⌂ 廠商名稱 エスエス製薬

¥ 容量/價格 24錠　750円 / 36錠　1,100円
48錠　1,300円 / 60錠　1,600円
90錠　2,000円

在華人圈被譽為「止痛神藥」，是眾多台灣人隨身必備的藥品之一。由於在日本各地十分熱賣，不少藥妝店都把它當成攬客用的注目商品，因此市面上價差範圍也相當大。

指定第2類医薬品	イブクイック頭痛薬
EVE	

⌂ 廠商名稱 エスエス製薬

¥ 容量/價格 20錠　1,200円 / 40錠　1,900円
60錠　2,700円

EVE A止痛藥的強化升級版本，止痛成分基本上完全相同，但額外添加護胃成分，且採用速溶製劑技術，因此能讓藥效更快發揮作用。

指定第2類医薬品	バファリン プレミアム
BUFFERIN	

⌂ 廠商名稱 ライオン

¥ 容量/價格 20錠　980円

是目前日本唯一融合乙醯胺酚及布洛芬這兩種主流鎮痛解熱成分的止痛藥。整體止痛與舒緩鎮靜成分的涵蓋範圍相當廣，再加上速解速溶製劑可快速發揮作用，是不少日本人推崇的止痛藥定番。

第1類医薬品	ナロンLoxy
NARON	

⌂ 廠商名稱 大正製薬

¥ 容量/價格 6錠 450円 / 12錠 630円

大正製藥止痛品牌NARON旗下所推出的新款，主成分洛索洛芬鈉水合物在日本原為處方用藥，目前已開放成為OTC第一類醫藥品，不僅止痛效果表現突出，獨家研發的瞬間水解製劑技術，更能讓藥錠在極短時間內溶解並發揮藥效。

第1類医薬品	ロキソプロフェンT液
NARON	

⌂ 廠商名稱 大正製薬

¥ 容量/價格 6入 907円

來自大正製藥止痛品牌NARON，被歸類為第一類醫藥品的洛索洛芬鈉水合物製劑，劑型是目前市面上相當少見、強調速效特色的液態止痛藥。分條包裝，每條為一次的服用量，很適合用來應對外出或開會時突發的頭痛問題。

指定第2類医薬品	ナロンエースT
NARON	

⌂ 廠商名稱 大正製薬

¥ 容量/價格 24錠　820円 / 48錠　1,600円
84錠　2,730円

同時使用布洛芬、鄰乙氧苯甲醯胺等兩種主要止痛成分以及兩種輔助止痛配方。在成分組合上，與某款台灣人赴日必掃的止痛神藥相同，是許多日本人止痛類常備藥的人氣選擇。採速溶製劑技術，在藥效發揮速度上的表現也備受愛用者肯定。

鼻炎過敏用藥

指定第2類医薬品

PABRON

パブロン鼻炎カプセルSα

🏠 **廠商名稱** 大正製薬

¥ **容量/價格** 24顆 1,200円 / 48顆 2,000円

針對急性鼻炎與過敏性鼻炎所研發的長效型鼻炎膠囊。膠囊中的白色顆粒可快速溶解，立即發揮藥效；橘色顆粒則會緩慢溶解，長時間發揮藥效。因此一天只需服用兩次，即可緩解鼻炎問題。

第2類医薬品

ALLEGRA アレグラFX

🏠 **廠商名稱** 久光製薬

¥ **容量/價格** 14錠 1,315円 / 28錠 1,886円
56錠 3,500円

主成分為次世代抗組織胺——鹽酸非索非那定，是日本人接受度相當高的過敏性鼻炎用藥。主打特色是不嗜睡、不易口渴以及空腹也能服用。服用方式為一天早晚各一次。

第2類医薬品

CLARITIN クラリチン®EX OD錠

🏠 **廠商名稱** 大正製薬

¥ **容量/價格** 10錠 1,980円

主成分是不易引起嗜睡及口渴的次世代抗組織胺——氯雷他定。採用口含速溶錠劑型，一天只需服用一次，不必配水也能服用。

第2類医薬品

NAZAL

ナザールスプレー（ラベンダー）

🏠 **廠商名稱** 佐藤製薬

¥ **容量/價格** 30mL 1,180円

帶有淡淡薰衣草香的鼻用噴霧，主成分為血管收縮劑、抗組織胺以及殺菌成分，主要用於應對鼻塞或流鼻水等過敏性鼻炎相關症狀。

第2類医薬品

AG

エージーノーズアレルカットC

🏠 **廠商名稱** 第一三共ヘルスケア

¥ **容量/價格** 15mL 1,580円 / 30mL 2,580円

採用血管收縮劑搭配兩種抗過敏成分，以及抗發炎成分的鼻炎噴霧，能針對打噴嚏、流鼻涕，並迅速應對鼻塞等鼻炎相關症狀，適合喜歡清涼感的過敏族群使用。

第2類医薬品

PABRON

パブロン点鼻JL

🏠 **廠商名稱** 大正製薬

¥ **容量/價格** 15mL 680円

適用於應對鼻炎所引起之鼻塞或流鼻水等症狀的鼻用噴霧。採用凝膠狀劑型，不同於市面上大部分鼻用噴霧，優點是使用時藥劑不易流出鼻腔，能較長時間附著於鼻腔黏膜上發揮效果。

止瀉便祕藥

第2類 医薬品	

TAKEDA漢方 タケダ漢方便秘薬

🏠 廠商名稱　アリナミン製薬

¥ 容量/價格　65錠 1,380円 / 120錠 2,380円
180錠 3,280円

根據東漢醫藥經典《金匱要略》中的大黃甘草湯藥方，採用日本國產信州大黃所調製而成的漢方便祕藥。主打特色為不過度刺激，力求接近自然排便的效果。

第2類 医薬品	

SEIROGAN 正露丸

🏠 廠商名稱　大幸藥品

¥ 容量/價格　50粒 800円 / 100粒 1,000円
200粒 1,800円 / 400粒 3,200円

傳用超過百年的胃腸良藥。對許多日本及亞洲家庭而言，不只是熟悉的常備藥，更是出國時的必備品，能有效改善因水土不服、吃太多、壓力、消化不良等種種原因引起的腹瀉及腸胃不適問題。也可作為蛀齒疼痛的急救用藥！

第2類 医薬品	

Colac コーラック

🏠 廠商名稱　大正製薬

¥ 容量/價格　60錠 980円 / 120錠 1,680円
180錠 2,380円 / 270錠 3,280円
350錠 (瓶裝) 3,480円

專為緩解長期慢性便祕問題所研發，是日本藥妝店最熱銷的便祕藥之一。五層構造的小型錠劑，能讓有效成分通過胃酸考驗，直達腸道發揮作用。一般而言，在服用6～11小時之後，就能發揮藥效，因此建議可依個人排便時間習慣，推算出最適合的服藥時間。

指定 第2類 医薬品	

TOMEDAIN KOWA トメダイン コーワ フィルム

🏠 廠商名稱　興和

¥ 容量/價格　6片 1,000円

專為飲食過量或著涼引起之腹瀉問題所研發的止瀉藥。採用入口即化的獨特薄片劑型，不需配水也能服用，很適合放在錢包或證件袋中以備不時之需。

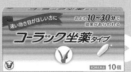

第3類 医薬品	

Colac コーラック坐薬タイプ

🏠 廠商名稱　大正製薬

¥ 容量/價格　10個 880円

使用大約10～30分鐘就能發揮效果的便祕用塞劑，不只藥效直接，也較不易有肚子絞痛的不適感。其主要原理，是利用微碳酸泡刺激直腸的方式來刺激排便感。對於不想服用藥物，或是不喜歡浣腸的人來說，是一款相當不錯的新選擇。

第2類 医薬品	

VIEWLAC A ビューラックA

🏠 廠商名稱　皇漢堂製薬

¥ 容量/價格　50錠 950円 / 100錠 1,800円
250錠 4,250円 / 400錠 6,400円

在日本許多藥妝店櫃台前都可見的便祕藥。採用可刺激大腸活動的西藥成分，相較於溫和的純中藥類型便祕藥，作用效果相對較強。

新ビオフェルミンS
引領「腸活」風潮的腸道健康專業品牌

調節腸道菌叢狀態，給腸道專業級照顧

近年來有醫學研究指出，人體70％的免疫功能集結於腸道，再加上提倡美容與減重相關的「腸活」廣為人知，因此日本藥妝店中的腸道健康相關產品便備受矚目。對於許多台灣人而言，只要一提到「促進腸道健康」，立刻就會聯想到在日本熱銷逾百年的「表飛鳴」，尤其是台灣尚未引進的細粒類型，更被媽媽育兒圈口耳相傳，是搞定幼童便祕或軟便問題的推薦品。

	新ビオフェルミンS錠	新ビオフェルミンS細粒
🏠 廠商名稱	ビオフェルミン製薬	ビオフェルミン製薬
¥ 容量/價格	350錠 2,365円	45g 1,078円
🔍 主要成分	濃縮比菲德氏菌末、濃縮糞腸球菌末、濃縮嗜酸乳桿菌末	濃縮比菲德氏菌末、濃縮糞腸球菌末、濃縮嗜酸乳桿菌末
↖ 適應症	整腸（調整排便狀態）、軟便、便祕、腹脹	整腸（調整排便狀態）、軟便、便祕、腹脹

添加3種乳酸菌，可用於緩解便祕、軟便以及腹脹等腸道問題。只要年滿5歲，全家人從老到小都可服用。

添加3種乳酸菌，可緩解3個月大以上的嬰幼兒腹脹、便祕以及軟便等腸道問題。由於此款嬰幼兒較容易服用的細粒劑型，只在日本境內銷售，因此成為許多家長赴日掃貨的胃腸類常備藥。

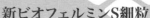

欣表飛鳴乳酸菌的優異之處

在眾多乳酸菌當中，欣表飛鳴採用的是健康人體腸道中的常駐菌種。這些乳酸菌在漫長的進化過程中，變得能夠與人體共存，同時也能長時間停留在腸道當中，發揮維持腸道健康的效果。

新增抑制腸道壞菌繁殖的乳酸菌
新ビオフェルミンSプラスシリーズ

在日本，欣表飛鳴S是眾人熟知的整腸藥品牌。在腸道健康備受關注的時代背景下，欣表飛鳴S重新調整配方，除原有的比菲德氏菌、糞腸球菌以及嗜酸乳桿菌之外，再加入近年來話題性極高、具抑制腸道壞菌生長效果的「龍根菌」，推出欣表飛鳴S PLUS系列。

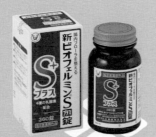

新ビオフェルミンS プラス錠

廠商名稱	ビオフェルミン製薬
容量/價格	360錠 2,640円
主要成分	比菲德氏菌、龍根菌、糞腸球菌、嗜酸乳桿菌
適應症	整腸（調整排便狀態）、軟便、便祕、腹脹

均衡融合了比菲德氏菌、龍根菌、糞腸球菌、嗜酸乳桿菌等4種乳酸菌，5歲以上即可服用，能調整改善便祕、軟便或腹脹等腸道健康問題。

新ビオフェルミンS プラス細粒

廠商名稱	ビオフェルミン製薬
容量/價格	45g 1,188円
主要成分	比菲德氏菌、龍根菌、糞腸球菌、嗜酸乳桿菌
適應症	整腸（調整排便狀態）、軟便、便祕、腹脹

服用方式與劑量，和原本的欣表飛鳴細粉S相同，再額外添加了能抑制腸道壞菌繁殖的龍根菌，推薦用來照顧家中幼兒的腸道健康。

表飛鳴其他相關產品

ビオフェルミン 酸化マグネシウム便祕薬

廠商名稱	ビオフェルミン製薬
容量/價格	90錠 1,200円
主要成分	乳酸菌（Lactomin）、氧化鎂
適應症	便祕，便祕引起的以下症狀：肌膚粗糙、面皰、頭重、頭昏、食慾不振（食慾衰退）、痔瘡、腸內異常發酵、腹部膨脹

第3類 醫藥品

以能改善便祕狀態但不易引起腹痛的氧化鎂，搭配表飛鳴引以為傲的整腸乳酸菌，透過調節腸道環境健康的方式，讓排便狀態更加自然順暢。年滿5歲即可服用，是一瓶能用於全家大小排便困擾的常備藥。

胃腸藥

第1類医薬品

Gaster 10　**ガスター10錠剤**

🏠 **廠商名稱**　第一三共ヘルスケア

¥ **容量/價格**　6錠 980円 / 12錠 1,580円

主成分為H2受體阻抗劑，適用於應對胃酸分泌過多所引起的胃痛及胃悶等症狀。採用不需配水即可服用的口含速溶錠劑型，但不建議15歲以下及80歲以上的族群服用。

第2類医薬品

CABAGIN KOWA　**キャベジンコーワα顆粒**

🏠 **廠商名稱**　興和

¥ **容量/價格**　12包 650円 / 28包 1,400円
56包 2,350円

台灣人赴日必掃的胃腸神藥——克潰精顆粒粉末分包版本。主打胃黏膜修復成分MMSC，再搭配多種健胃、制酸及消化酵素，相當適合飲食偏油膩的華人使用。

第2類医薬品

PANSILON　**パンシロン
キュアSP錠**

🏠 **廠商名稱**　ロート製薬

¥ **容量/價格**　30錠 950円

搭配中和胃酸成分及胃黏膜修復成分，適用於應對胃酸分泌過多所引起的胃部不適或胃食道逆流等問題。無論空腹或餐後皆可服用。

第2類医薬品

大正　**大正漢方胃腸薬〈微粒〉**

🏠 **廠商名稱**　大正製薬

¥ **容量/價格**　12包 970円 / 20包 1,450円
32包 1,980円 / 48包 2,600円

以健胃藥方安中散，搭配能消除胃部緊張感之芍藥甘草湯所調製而成，適合容易感到壓力大或飲食不規律的忙碌現代人。建議服用時間點為餐前或餐間。

第2類医薬品

太田胃散　**太田胃散A＜錠剤＞**

🏠 **廠商名稱**　太田胃散

¥ **容量/價格**　45錠 680円 / 120錠 1,200円
300錠 2,280円

搭配3種消化酵素，可分別強效分解脂肪、蛋白質與碳水化合物，適合在吃完油膩飲食，感到胃悶或胃痛時服用。錠劑顆粒小、易吞服，能快速溶解發揮作用。

第2類医薬品

第一三共　**第一三共胃腸藥細粒s**

🏠 **廠商名稱** 第一三共ヘルスケア

¥ **容量/價格** 32包 1,450円 / 60包 2,350円

使用六種健胃成分，幫助恢復原有消化機能，並添加雙重消化酵素，可幫助消化。三重制酸劑中和胃酸、保護胃黏膜，同時添加雙重生藥，輔助胃黏膜修復機能。成分中不含鈉，即使在意鹽分攝取量的人也可以使用。

指定医薬部外品

BIOTHREE H　**ビオスリーH**

🏠 **廠商名稱** アリナミン製藥

¥ **容量/價格** 1g×36包 1,380円

搭配3種有助腸道菌叢健康及改善大腸防禦機能的活性菌，是一款滿3個月以上嬰兒即可服用的整腸粉。分包裝方便攜帶，建議於餐後服用。

第3類医薬品

THE GUARD　**ザ・ガードコーワ整腸錠α³⁺**

🏠 **廠商名稱** 興和

¥ **容量/價格** 150錠 1,580円 / 350錠 2,900円　550錠 3,900円

添加KOWA克潰精所主打的胃黏膜修復成分MMSC，再搭配兩種乳酸菌、納豆菌以及多種健胃制酸成分。雖然主打整腸機能，但從成分組合來看，可說是一款結合胃藥機能的整腸錠。

第3類医薬品

GASPITAN　**ガスピタンa**

🏠 **廠商名稱** 小林製藥

¥ **容量/價格** 18錠 1,000円 / 36錠 1,700円

進食過快、久坐不動、壓力大或排便不規律等因素，都會引發腸道積存氣體，造成腹脹以及腸道膨脹、活動力變差。這款搭配消泡劑成分的特殊腸胃藥，可直接與腸道中所累積的過多氣體作用，達到改善效果。

第3類医薬品

太田胃散　**太田胃散整腸藥**

🏠 **廠商名稱** 太田胃散

¥ **容量/價格** 160錠 1,380円 / 370錠 2,680円

日本百年藥廠太田胃散所推出的整腸錠。結合兩種乳酸菌、酪酸菌以及能改善腸道蠕動狀態的中藥成分，適用於應對軟便、便秘以及腹脹等問題。

第3類医薬品

太田胃散　**太田胃散チュアブルNEO**

🏠 **廠商名稱** 太田胃散

¥ **容量/價格** 18錠 680円

添加3種制酸劑以及消泡劑，適合用來應對胃食道逆流以及脹氣等不適症狀。獨特的咀嚼錠型態，不須搭配開水也能服用，而且服用後的舒暢薄荷涼感也會持續一段時間。據說在日本年輕人與上班族的客群中，回購率特別高。

力保美達系列
精神力補給！
日本的元氣補給飲先驅

增強體力的小法寶

大家在逛日本藥妝店或超商的時候，可能都曾注意到裡頭總會有個神奇的小冰箱，上頭擺滿各式各樣的營養補充飲與美容飲——這個在日本被稱為ストッカー（stocker）的神奇小冰箱雛型，據傳最早出現於1962年。

當年大正製藥為提升力保美達D的飲用口感，史無前例地提出「將藥品冰過之後再飲用」的大膽概念。雖然當年的藥局等店家，在一開始對此提案都抱持無法理解的態度，但實際推行後，卻得到消費者相當不錯的反應。在60年後的今日，這個神奇的小冰箱，已經成為支持日本人元氣的補給站。

自1962年上市以來，力保美達廣受日本民眾喜愛，成為日本人心目中增強體力及補充營養的補給飲品選擇之一。除了補充飲系列外，在2020年更是以力保美達D飲系列的成分作為基礎，研發出能夠改善增齡帶來之身體不適問題的錠劑系列——「力保美達DX」。

力保美達系列的能量循環4大關鍵成分

蛋白質、醣類和脂質，是促使人體產生能量三大營養素。然而，這些營養素在進入人體之後，需要透過特定的「催化劑」分解，才能進入能量循環之中，轉化成為人體所需的活動能量（ATP）。

自1960年代開始，大正製藥便著手研究牛磺酸對人體健康的益處，進而發現牛磺酸以及維生素B群，與人體的能量循環之間存在著相當密切的關係。因此，大正製藥便將這4大關鍵成分作為力保美達系列的基本成分，在順應時代需求下，陸續開發出各種能應對疲勞問題的產品。

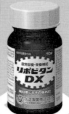

指定
医薬部外品

LIPOVITAN

リポビタンDX
［販売名］リポビタンｔｂ

🏠 **廠商名稱** 大正製薬

¥ **容量/價格** 90錠 3,880円 / 180錠 5,880円
270錠 7,880円

👤 **用法用量**

一日服用次數：1次	
15歲以上	3 錠
未滿15歲	不建議使用

添加牛磺酸以及維生素B₁、B₂、B₆的營養補充錠，可促進人體產生能量，進而發揮增強體力的效果。此外，還添加具有助眠效果的胺基酸「甘胺酸」以及中藥材刺五加，有助於輔助改善因年齡增長所引起的睡眠品質不佳問題（不易入眠、淺眠、睡不飽）。推薦給每天努力工作打拚的上班族。

指定
医薬部外品

LIPOVITAN

リポビタンDXアミノ
［販売名］リポビタンｔｍ

🏠 **廠商名稱** 大正製薬

¥ **容量/價格** 90錠 4,080円 / 180錠 6,080円
270錠 8,080円

👤 **用法用量**

一日服用次數：1次	
15歲以上	3 錠
未滿15歲	不建議使用

以牛磺酸與維生素B群為基底，搭配BCAA（支鏈胺基酸）以輔助改善伴隨增齡出現的肌力衰退，同時添加磷酸氫鈣以輔助改善骨骼退化問題。推薦每天總是感到疲勞，或是覺得年齡增長後自身肌力衰退或骨骼退化的族群。

指定
医薬部外品

LIPOVITAN

リポビタンDXプラス
［販売名］リポビタンｔｉ

🏠 **廠商名稱** 大正製薬

¥ **容量/價格** 90錠 4,080円 / 180錠 6,080円
270錠 8,080円

👤 **用法用量**

一日服用次數：1次	
15歲以上	3 錠
未滿15歲	不建議使用

除了力保美達系列的四大關鍵成分外，還添加加能夠輔助改善營養不良引起之眼睛疲勞的維生素B₁₂和枸杞，輔助改善增齡下肩、頸、腰卡卡不順的杜仲，以及可輔助改善四肢易冰冷的當歸。不只能夠用來增強體力，也很推薦用來對付營養不良引起之眼睛疲勞問題，以及年齡增長下所出現的肩、頸、腰、膝卡卡不順。

維生素

ALINAMIN
アリナミン EX プラス

🏠 **廠商名稱** アリナミン製薬

¥ **容量/價格**　60錠 2,180円 / 120錠 4,080円
180錠 5,980円 / 270錠 7,980円

在合利他命系列中，台灣人認知度最高的一款，幾乎只要赴日旅遊都會瘋狂掃貨。適用於應對長時間使用電腦或手機所引起的眼睛疲勞，以及久坐、肌肉緊繃所引起的肩頸疲痛與腰痛問題。

ALINAMIN
アリナミンEXプラスα

🏠 **廠商名稱** アリナミン製薬

¥ **容量/價格**　24錠　900円 / 　80錠 2,700円
140錠 4,300円 / 280錠 6,980円

合利他命EX PLUS的升級版本。整體成分與劑量都相同，但額外添加人體產生能量時所需的維生素B2。對於疲勞感特別強烈的人而言，是相對更有感的新選擇。

Q&P KOWA
キューピーコーワ
ゴールドαプレミアム

🏠 **廠商名稱** 興和

¥ **容量/價格**　30錠 1,100円 / 　90錠 2,400円
160錠 3,500円 / 280錠 5,000円

5種維生素搭配4種滋養強壯中藥材，主打產生人體活動所需能量與改善血液循環作用。每天只需服用一次，適合忙碌又經常感覺疲累的現代上班族。

Q&P KOWA
キューピーコーワ
コシテクター

🏠 **廠商名稱** 興和

¥ **容量/價格**　60錠 3,000円 / 120錠 5,000円

基底為Q&P KOWA系列所主打的維生素與滋養強壯中藥材，搭配可促進血液循環的ATP成分。除一般肌肉疲痛與疲勞問題之外，即使難纏的腰痛和五十肩等問題也能有感。

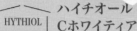

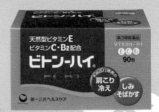

HYTHIOL

ハイチオール
Cホワイティア

🏠 **廠商名稱** エスエス製薬

¥ **容量/價格** 40錠 1,650円 / 120錠 4,500円

高劑量L-半胱氨酸搭配高劑量泛酸鈣與維生素C，從代謝、抑制、消除三個層面發揮作用，是SS製藥美白錠系列中，成分組合最完整的頂級版本。

VITON-HI

ビトン-ハイ
ECB2

🏠 **廠商名稱** 第一三共ヘルスケア

¥ **容量/價格** 60包 4,200円 / 90包 5,800円

主打能應對末梢循環不良所引起的肩頸痠痛及手腳冰冷問題，同時也能調節肌膚代謝狀況，對應色素沉著並提高亮白度。入口即化的顆粒粉末分包，服用起來沒有藥味，還帶有淡淡的酸甜好滋味。

TRANSINO

トランシーノ ホワイトCクリア

🏠 **廠商名稱** 第一三共ヘルスケア

¥ **容量/價格** 60錠 1,600円 / 120錠 2,600円
240錠 4,200円

添加OTC中最高劑量的L-半胱氨酸與高劑量維生素C，同時搭配多種維生素B，可同時發揮亮白、循環、代謝以及賦活等作用，人氣之高，堪稱是日本美白錠的代名詞。

Chocola

チョコラBB
プラス

🏠 **廠商名稱** エーザイ

¥ **容量/價格** 180錠 3,380円 / 250錠 4,480円

主成分為能活化肌膚細胞與維持黏膜健康的維生素B群。從成分定位上來看，比較偏向美肌型維生素B群製劑，可用來應對肌膚乾荒、痘痘或嘴破等問題。

眼藥

註：眼藥水之清涼指數以各家標示為準，不同廠商之
　　產品可能無法直接作為比較。

第2類医薬品	

V ROHTO 新V・ロート

🏠 **廠商名稱** ロート製薬

¥ **容量/價格** 13mL 750円

✦ **清涼指數** ★★★

在日熱銷近60年，堪稱是樂敦眼藥的金字招牌。主打
能應對眼睛疲勞、充血以及瘙癢等不適症狀，藥水的
清涼感也恰到好處，屬於日常保健用的基本型眼藥
水。

第2類医薬品	

V ROHTO Vロートプレミアム

🏠 **廠商名稱** ロート製薬

¥ **容量/價格** 15mL 1,500円

✦ **清涼指數** ★★★★

樂敦V頂級系列的開山始祖，首創添加12種有效成
分，強效應對現代人長時間用眼所引起的眼睛疲勞問
題。宛如鑽石切割面的設計，讓瓶身質感及特色都提
升不少。

第3類医薬品	

V ROHTO Vロート コンタクト プレミアム

🏠 **廠商名稱** ロート製薬

¥ **容量/價格** 15mL 1,500円

✦ **清涼指數** ★★★★

樂敦V頂級系列，針對配戴隱形眼鏡所引起的眼睛疲
勞問題所開發的眼藥新品。從修復、代謝、改善聚焦
機能及止癢幾個常見的隱形眼鏡族困擾，高劑量添加
6種有效成分。相當適合配戴隱形眼鏡的情況下，長
時間使用3C產品，或是到了傍晚就覺得看不清楚的上
班族與學生。

第2類医薬品	

V ROHTO Vロート アクティブプレミアム

🏠 **廠商名稱** ロート製薬

¥ **容量/價格** 15mL 1,500円

✦ **清涼指數** ★★

樂敦V頂級系列中，專為高齡者眼睛不易對焦、容易
疲勞乾澀，以及淚液分泌不足等問題所開發的紫鑽抗
齡眼藥水。針對高齡者最感到困擾的淚液分泌不足問
題，添加高劑量的維生素A以及硫酸軟骨素來穩定淚
液的質與量。

第2類医薬品	

ROHTO ZI ロートジー プロd

🏠 **廠商名稱** ロート製薬

¥ **容量/價格** 12mL 780円

✦ **清涼指數** ★★★★★★★★★＋

樂敦Zi是主打強力清涼感的眼藥品牌。系列中最頂級
的PRO版本，除高濃度輔助代謝及疲勞改善成分之
外，還添加調節焦距機能成分，適合長時間使用3C產
品的現代人。

第2類
医薬品

ROHTO
Lycée

ロートリセb

🏠 **廠商名稱** ロート製薬

¥ **容量/價格** 8mL 700円

✦ **清涼指數** ★★★

很多女生化妝包裡都會有一瓶的小花眼藥水。成分中的血管收縮劑，能改善眼白佈滿血絲的問題。讓藥水呈現可愛粉紅色的維生素B12，則具有調節焦距的效果。但要注意遵守用法用量，可別過度使用喔！

第3類
医薬品

養潤水

ロート養潤水α

🏠 **廠商名稱** ロート製薬

¥ **容量/價格** 13mL 880円

✦ **清涼指數** ★★

眾多日本人愛用的晚安眼藥水。搭配多種修復與代謝成分，只要在睡前點上一滴，即可輔助修復雙眼一整天下來所受到的傷害。

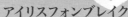

第2類
医薬品

IRIS

アイリスフォンブレイク

🏠 **廠商名稱** 大正製薬

¥ **容量/價格** 12mL 1,360円

✦ **清涼指數** ★★★★★＋

針對長時間使用智慧型手機的現代人所研發，使用起來帶有強烈清涼感的眼藥水。添加12種營養補充成分，除了能緩解長時間使用手機，導致藍光對雙眼所造成的傷害與疲勞問題，還特別強化對應對用眼過度所引起的發炎問題。

第3類
医薬品

IRIS

アイリスCL-I ネオ

🏠 **廠商名稱** 大正製薬

¥ **容量/價格** 30條 1,000円

✦ **清涼指數** ★

添加角膜營養成分牛磺酸的人工淚液，在日本藥妝店中支持度相當高。無論是配戴硬式或軟式隱形眼鏡，或是有乾眼問題的人都適用。採單次使用完畢的分條包裝設計，不僅攜帶和使用上方便許多，對於不常使用人工淚液的人來說，也不會因為打開後無法用完而導致衛生隱憂。

第2類
医薬品

IRIS

アイリスフォンリフレッシュ

🏠 **廠商名稱** 大正製薬

¥ **容量/價格** 12mL 1,360円

✦ **清涼指數** ★★★★★

針對長時間使用智慧型手機的現代人所研發，使用起來帶有持續性清涼感的眼藥水。添加12種營養補充成分，除了能用於應對長時間使用智慧型手機所造成的眼睛乾澀與疲勞問題，還著重於受損角膜的修復與保護作用。對於一整天盯著手機看的現代人而言，是一款兼具舒緩與修復功能的眼藥水。

眼藥

第3類 医薬品

New MYTEAR

New マイティアCLクールHi-s

🏠 廠商名稱	千寿製薬
¥ 容量/價格	15mL 600円
✦ 清涼指數	★★★★★＋

主成分是氯化鈉與氯化鉀，其離子比例、酸鹼值與滲透壓都與人體淚液相近。除此之外，還搭配角膜修復成分與代謝營養成分，是一瓶帶有強力清涼感的人工淚液。

第2類 医薬品

Sante

サンテンFXネオ

🏠 廠商名稱	参天製薬
¥ 容量/價格	12mL 924円
✦ 清涼指數	★★★★

参天FX銀版眼藥水。使用起來帶有提神醒腦的清涼感，屬於基本款的疲勞改善型眼藥水。不少藥妝店都會推出相當優惠的價格，因此成為眾多華人掃貨的重點品項之一。

第2類 医薬品

Smile

スマイル40 プレミアムDX

🏠 廠商名稱	ライオン
¥ 容量/價格	15mL 1,500円
✦ 清涼指數	★★★★

具輔助視覺機能回復效果，適合應對由於增齡以及用眼過度所造成的眼睛疲勞問題。在多達10種有效成分當中，最具特色的是高濃度吸附型維生素A，可幫助淚液不流失，同時發揮輔助修復角膜的效果。

第2類 医薬品

Sante

サンテンFX Vプラス

🏠 廠商名稱	参天製薬
¥ 容量/價格	12mL 924円
✦ 清涼指數	★★★★★＋

参天FX金版眼藥水的基本成分，與銀版大致相同，但額外添加了可活化眼部組織代謝的高濃度維生素B6，且清涼感更加提升，因此改善眼睛疲勞的效果比銀版更明顯。

第2類 医薬品

ROHTO抗菌

ロート クリニカル抗菌目薬i

🏠 廠商名稱	ロート製薬
¥ 容量/價格	0.5mL×20條 1,500円
✦ 清涼指數	★

抗菌成分搭配兩種抗發炎及止癢成分，專為結膜炎與針眼所開發的抗菌眼藥水。採單次用完的分條包裝，使用起來既衛生又方便。

痘痘藥

在日本藥妝店裡常見的各款痘痘藥，主流成分組合大多為抗發炎成分IPPN搭配殺菌成分IPMP。因此在挑選痘痘藥時，除了品牌忠誠度與質地偏好之外，最大的挑選參考依據，便是下列兩種成分的濃度比例。

IPPN（甘草酸二鉀鹽）

能抑制痤瘡桿菌形成白頭痘痘，具抗發炎作用。

IPMP（異丙基甲基苯酚）

能針對造成痘痘惡化的痤瘡桿菌發揮殺菌作用。

メンソレータム
アクネス25
メディカルクリームc

Acnes25	
🏠 廠商名稱	ロート製藥
¥ 容量/價格	16g 1,200円
★IPPM	3%
☆IPMP	1%

ペアアクネクリームW

PAIR	
🏠 廠商名稱	ライオン
¥ 容量/價格	14g 950円 / 24g 1,450円
★IPPM	3%
☆IPMP	0.3%

イハダ
アクネキュアクリーム

IHADA	
🏠 廠商名稱	資生堂藥品
¥ 容量/價格	16g 800円 / 26g 1,100円
★IPPM	3%
☆IPMP	0.3%

マキロン アクネージュ
メディカルクリーム

MAKIRON	
🏠 廠商名稱	第一三共ヘルスケア
¥ 容量/價格	18g 1,200円 / 28g 1,700円
★IPPM	3%

由於許多人會拿液体マキロン作為痘痘急救用藥，因此第一三共Healthcare特別研發推出這款以氯化苯索寧作為殺菌成分的痘痘藥膏。

クロマイ-N軟膏

CHLOMY	
🏠 廠商名稱	第一三共ヘルスケア
¥ 容量/價格	12g 1,550円

有些出現在胸口或背上的痘痘，其實是由真菌感染引起的毛囊炎。這款目前日本市面上唯一的抗真菌OTC軟膏，正是專為此種毛囊炎所研發。

皮膚瘙癢

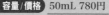

指定
第2類
医薬品

MUHI	液体ムヒS2a

🏠 廠商名稱　池田模範堂

¥ 容量/價格　50mL 780円

在日本熱賣多年的無比止癢液。添加能迅速應對紅腫癢等各種不適的皮質類固醇，加上帶有相當強烈但舒服的清涼感，可讓人瞬間忘卻那惱人的瘙癢不適感。

第2類
医薬品

UNA	新ウナコーワクール

🏠 廠商名稱　興和

¥ 容量/價格　30mL 450円 / 55mL 700円

赴日藥妝必掃，大家再熟悉不過的蚊蟲神藥。止癢成分搭配局部麻醉成分，使用起來帶有舒服的清涼感。隨手一搽，就能搞定蚊蟲叮咬所引起的瘙癢感。

第3類
医薬品

MUHI	ムヒS

🏠 廠商名稱　池田模範堂

¥ 容量/價格　18g 550円

無比止癢乳膏可說是無比止癢液的無皮質類固醇版本。同樣具有優秀的止癢作用以及清涼感，使用起來易推展且不油膩，是許多日本人家中可見的止癢常備藥。

指定
第2類
医薬品

UNA	ウナコーワエースL

🏠 廠商名稱　興和

¥ 容量/價格　30ml 900円

興和護那蚊蟲藥的加強升級版。除了原本的止癢與局部麻醉成分外，還搭配胺藥型類固醇PVA，可用來應對跳蚤、毛毛蟲或水母螫咬所引起的強烈瘙癢感。

第3類
医薬品

KINKAN	キンカンソフトかゆみどめ

🏠 廠商名稱　金冠堂

¥ 容量/價格　50mL 598円

日本蚊蟲藥老廠牌金冠堂與巧虎攜手合作，推出這款清涼感恰到好處的溫和止癢液。有了巧虎的陪伴，相信小朋友被蚊蟲叮咬後都會乖乖地搽藥。

yuskin

リカAソフト あせもクリーム

🏠 **廠商名稱** ユースキン製薬

¥ **容量/價格** 32g 780円

專為汗疹皮膚炎問題所研發的止癢乳膏。搭配消炎止癢、抗菌以及促進血液循環等成分,使用感清爽不黏膩,不容易沾附在衣物上。

FLUCORT

フルコートf

🏠 **廠商名稱** 田辺三菱製薬

¥ **容量/價格** 5g 980円 / 10g 1,800円

指定 第**2**類 医藥品

一款能應對難纏的濕疹與皮膚炎,甚至令人頭痛的疔瘡也適用的老字號軟膏。主要有效成分為類固醇,需特別注意不可使用於病毒或黴菌感染部位。

第**2**類 医藥品

JINMART

メンソレータム ジンマート

🏠 **廠商名稱** ロート製薬

¥ **容量/價格** 15g 1,200円

一款專為説來就米、奇癢無比的蕁麻疹所研發的止癢乳膏。強化止癢與收斂成分,不含類固醇,就連小朋友也能安心使用。

指定 第**2**類 医藥品

IHADA

イハダ キュアロイド軟膏

🏠 **廠商名稱** 資生堂薬品

¥ **容量/價格** 5g 1,100円

主成分採用效果顯著,且副作用風險較低的安藥型類固醇,搭配消炎、止癢、抑菌以及促進血液循環的濕疹軟膏。以油水平衡恰到好處的質地配方,能確實包覆患部且較無黏膩感。使用於臉部肌膚時,就算流汗也不擔心。

指定 第**2**類 医藥品

Medi Quick

メンソレータム メディクイックHゴールド

🏠 **廠商名稱** ロート製薬

¥ **容量/價格** 30mL 1,200円

添加高劑量消炎成分,再搭配止癢、殺菌、修復與清涼感成分的頭皮濕疹止癢液。超小口徑瓶嘴,可精準針對頭皮患部擠出藥水,避免過多藥水沾附於頭髮上。

乾燥用藥

第3類
医薬品

ユースキンI

🏠 廠商名稱 ユースキン

¥ 容量/價格 110g 1,400円

添加消炎止癢、抗菌及循環等五成分，適用於應對
冬季癢或乾燥瘙癢問題的乳膏。質地宛如乳液般輕透
好推展，即使塗抹在不慎抓傷的部位，也不太會產生
刺痛感。

第2類
医薬品

メンソレータム
AD
クリームm

AD

🏠 廠商名稱 ロート製藥

¥ 容量/價格 50g 780円 / 90g 1,180円
145g 1,450円

許多人家中都會放上一罐的藍色小護士。三種止癢成
分搭配潤澤質地，是許多日本人拿來對應冬季乾癢或
洗澡後乾癢問題的藥膏。

第3類
医薬品

ケラチナミンコーワ
20%尿素配合クリーム

KERATINAMIN

🏠 廠商名稱 興和

¥ 容量/價格 30g 600円 / 60g 1,500円
150g 2,000円

在日本長銷超過40年，堪稱日本尿素藥膏的代名詞。
濃度高達20%的尿素，可發揮優秀的柔膚保水效果，
藉以改善皮膚乾燥所引起瘙癢及粗糙等問題。

第2類
医薬品

メンソレータム
AD
ボタニカル乳液

AD

🏠 廠商名稱 ロート製藥

¥ 容量/價格 130g 1,550円

兩種止癢成分搭配消炎修復成分的清爽止癢乳液，適
用於應對肌膚乾癢所引發的瘙癢問題，可說是藍色小
護士的姐妹品。添加薰衣草等三種植萃精油，具有舒
服的香氛氣息。

第2類
医薬品

クリニラボ
ヘパリオ
ローション

CLINILABO

🏠 廠商名稱 大正製藥

¥ 容量/價格 60g 1,380円

主成分是具保濕、促進循環及抗發炎作用的類肝素，
再搭配具修復作用的尿囊素與促進循環作用的生育酚
醋酸酯，是一款能強化呵護乾荒肌的皮膚用藥。凝露
狀質地容易推展，能在不拉扯刺激乾荒肌的狀態下，
輕鬆塗抹於大範圍患部。

第3類
医薬品

メンソレータム
ザラプロA

Zala Pro

🏠 廠商名稱 ロート製藥

¥ 容量/價格 35g 1,200円

添加高濃度尿素與維生素A，可發揮軟化及代謝角質
的作用，適用於應對手臂或大腿上發紅發黑、凸起狀
態的小疙瘩。

090

外傷用藥

第3類医薬品

| Coloskin | コロスキン |

廠商名稱 東京甲子社

¥ 容量/價格 11mL 598円

日本液態OK繃界的老字號，形成保護薄膜的硝化纖維濃度有近16％之多，號稱是同類型產品中的最高濃度。

第3類医薬品

| MAKIRON | マキロンS |

廠商名稱 第一三共ヘルスケア

¥ 容量/價格 30mL 380円 / 75mL 650円

結合殺菌、組織修復與抗組織胺成分的消毒藥水。可在消毒的同時，降低傷口癒合的搔癢不適感。適用於刀傷、擦傷、割傷、抓傷或穿鞋磨傷等傷口之包紮消毒。

第3類医薬品

| SAKAMUCARE | サカムケア |

廠商名稱 小林製藥

¥ 容量/價格 10g 850 円

日本藥妝店中常見的液態OK繃。最大特色是搭配刷頭設計，能簡單輕鬆地將藥劑塗抹於患部。

第2類医薬品

| ATNON | アットノンEXクリーム |

廠商名稱 小林製藥

¥ 容量/價格 15g 1,300 円

一款融合類肝素的輔助代謝作用，以及尿囊素的組織修復作用所研發的除撫疤膏。持續塗抹於癒合後的擦傷或燒燙傷患部，一段時間後，就能感受到疤痕出現變化。

第2類医薬品

| TOFUMEL | トフメルA |

廠商名稱 三宝製藥

¥ 容量/價格 15g 880円 / 40g 1,500円

主成分中的氧化鋅可在吸收傷口分泌物的同時，於傷口上方形成保護膜，以濕潤療法的概念加快傷口癒合。適用於燒燙傷、擦傷、刀傷、刺傷以及裂傷等各種外傷。

口唇用藥

Medical Lip

メンソレータム メディカルリップb

🏠 廠商名稱　ロート製薬

¥ 容量/價格　8.5g 980円

添加6種輔助修復與促進代謝成分，可用於應對嘴角發炎或嘴唇乾裂等問題的護唇罐。使用起來帶有舒服的清涼感。由於是醫藥品的關係，不建議當成護唇膏使用。

yuskin

ユースキン リリップキュア

🏠 廠商名稱　ユースキン製薬

¥ 容量/價格　8.5g 1,110円

護手霜老廠牌悠斯晶所推出的護唇罐。添加5種輔助修復及促進代謝成分，擁有相當優秀的潤澤保濕力。成分含維生素B2，所以跟悠斯晶護手霜一樣，帶有溫暖的淡黃色。

口內炎
PATCH

口内炎パッチ 大正A

🏠 廠商名稱　大正製薬

¥ 容量/價格　10片 1,200円 / 20片 1,800円

眾多台灣人赴日必掃的口內炎貼片，主成分是具備抗發炎作用的紫草根萃取物與甘草酸等中藥材成分。貼片本身不會溶解，一段時間後便會自行脫落，因此不建議於使用過程中用力撕下貼片。

口內炎
PATCH

口内炎パッチ 大正クイックケア

🏠 廠商名稱　大正製薬

¥ 容量/價格　10片 1,200円

許多台灣人赴日必掃的口內炎貼片升級版。黏貼於嘴破部位能隔離同時保護患部，即使在說話或吃東西時，都比較不會感到刺激。升級版貼片中添加了類固醇成分，對想要快點擺脫嘴破痛苦的人來說，是相當不錯的選擇。

TRAFUL

トラフル ダイレクトa

🏠 廠商名稱　第一三共ヘルスケア

¥ 容量/價格　12枚 1,200円 / 24枚 1,800円

主打類固醇消炎成分的口內炎貼片，適合想要快速解決嘴破疼痛問題的患者。採薄膜製劑，貼在口腔內異物感不會太明顯。貼片中所含的有效成分，會漸漸溶解釋放，貼片可以完全溶解，因此也很適合在睡覺時使用。

兒童用藥

第3類医薬品

〔MUHI〕

液体ムヒベビー

🏠 **廠商名稱** 池田模範堂

¥ **容量/價格** 40mL 980円

使用起來不具刺激性的嬰幼兒專用止癢液，成分相當單純，並未添加酒精或薄荷清涼成分，是家有嬰幼兒的父母在日本藥妝店必買的常備藥。

第3類医薬品

〔V ROHTO〕

Vロートジュニア

🏠 **廠商名稱** ロート製薬

¥ **容量/價格** 13mL 650円

專為處於學習階段，容易因用眼過度而引起眼睛疲勞的中小學生所研發的眼藥水。由於添加具改善疲勞作用的維生素B12，所以眼藥水呈現為美麗的粉紅色。

第2類医薬品

〔BUFFERIN〕

バファリン ルナJ

🏠 **廠商名稱** ライオン

¥ **容量/價格** 12錠 700円

成分與普拿疼相同，適合中小學生及高中生服用的止痛藥。未添加鎮靜成分，服用後不會因嗜睡而影響學習。最大特色是採用帶有水果甜味的咀嚼錠製劑，不用配水也能服藥。

第3類医薬品

〔MAKIRON〕

**マキロン
かゆみどめパッチP**

🏠 **廠商名稱** 第一三共ヘルスケア

¥ **容量/價格** 48枚 550円

添加4種消炎止癢成分與殺菌成分，上面印有可愛皮卡丘圖案的蚊蟲貼片。貼片本身有排氣孔設計，可在吸收汗水的同時促使汗水蒸發，使用起來不易感到悶熱或癢癢。

第3類医薬品

〔POLIBABY〕

ポリベビー

🏠 **廠商名稱** 佐藤製薬

¥ **容量/價格** 30g 780円 / 50g 1,200円

一款不含類固醇的兒童專用皮膚藥膏，以植物油為基底，搭配各種殺菌、止癢、潤澤以及吸附患部分泌物的成分，從尿布疹、蚊蟲咬傷到蕁麻疹都適用，是許多日本媽媽的育兒好幫手。

肌肉痠痛藥

SALONSIP®

のびのび®
サロンシップ®フィット®

🏠 廠商名稱　久光製薬

¥ 容量/價格　10枚入 770円

相當輕薄且具有伸展性，可完全服貼於患部的涼感痠痛貼布。捨棄了傳統紙盒外包裝，採用類似濕紙巾的抽取方式，是友善環境的特殊設計。

LOXONIN

ロキソニンEXテープ

🏠 廠商名稱　第一三共ヘルスケア

¥ 容量/價格　7枚 1,180円 / 14枚 1,780円

主要有效成分為高濃度劑量的洛索洛芬鈉水合物，是日本藥妝店少見的痠痛貼布類別。由於藥效較強，官方建議一天只需貼一次，且未滿15歲不建議使用。

Salonpas®

サロンパスAe®

🏠 廠商名稱　久光製薬

¥ 容量/價格　140枚入 1,500円 / 240枚入 2,470円

主成分是具有消炎作用的水楊酸，以及能促進血液循環的維生素E。貼布採用可吸附汗水的高分子吸收體製劑技術，可改善使用時的悶熱感。

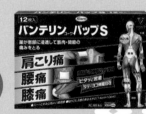

VANTELIN

バンテリン
コーワパップS

🏠 廠商名稱　興和

¥ 容量/價格　12枚入 1,400円 / 24枚入 2,300円

採用非類固醇消炎止痛成分，貼起來帶有舒服沁涼感的水性貼布。貼布本身具伸縮性且裁切面積大，可完整包覆腰、肩以及膝部等大範圍痠痛患部。

ROIHI

ロイヒつぼ膏

🏠 廠商名稱　ニチバン

¥ 容量/價格　156枚 1,200円

在許多華人觀光客必訪的藥妝店中，都會堆滿並以特價招攬來客的一款穴道貼。主要消炎成分為水楊酸，使用起來帶有溫熱的刺激感。

第3類
医薬品

TOKUHON	トクホン

🏠 廠商名稱　大正製藥

¥ 容量/價格　40枚　530円 / 80枚 960円
140枚 1,500円

有近90年品牌歷史的老字號疼痛貼布，是許多日本人家中常備的酸痛貼布之一。可廣泛用於各種肌肉痠痛及扭傷等問題。貼布本身質地輕薄，貼起來不會有悶熱感，而且邊邊角角也不容易捲起來。

第3類
医薬品

TOKUHON	新トクホンチール

🏠 廠商名稱　大正製藥

¥ 容量/價格　100mL 750円

採用水楊酸甲酯作為消炎鎮痛成分的疼痛藥水，使用起來帶有一股溫熱且舒服的刺激感。瓶身設計獨特，不只是肩頸與腰部，就連凹凸不平的關節部位也能輕鬆塗抹。

第3類
医薬品

| AMMELTZ | アンメルツ
レディーナ |
|---|---|

🏠 廠商名稱　小林製藥

¥ 容量/價格　46mL 600 円

一般的疼痛藥水，都會帶有一股特殊的藥味，但小林製藥所推出的這款，不但包裝設計粉嫩，塗抹於疼痛部位時，還會散發出一陣清新的柑橘花香，特別推薦給不喜歡藥水味的人使用。

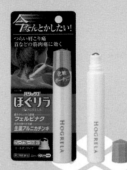

第2類
医薬品

| HALIX | ハリックス　ほぐリラ
ロールオンタイプ |
|---|---|

🏠 廠商名稱　ライオン

¥ 容量/價格　20mL 920円

外型設計獨具一格，特別適合女性使用的攜帶型滾珠疼痛藥水。體積就跟一支睫毛膏差不多，放在化妝包裡完全沒有違和感，使用起來也顯得優雅俐落許多。藥水本身帶有淡淡的葡萄柚果香。

第3類
医薬品

| ZENOL | ゼノール
チックE |
|---|---|

🏠 廠商名稱　大鵬薬品工業

¥ 容量/價格　33g　850円

在台灣擁有一大票愛用者的疼痛棒。使用方式就和體香膏一樣，在旋轉出膏體後，直接塗抹於疼痛部位即可。體積輕巧，即使放在包包裡或辦公桌抽屜，也不會太占空間。

其他醫藥品

第2類医薬品

和漢箋

新・ロート
防風通聖散
錠満量

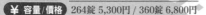

廠商名稱 ロート製薬

容量/價格 264錠 5,300円 / 360錠 6,800円

將中藥「防風通聖散」商品化，專為腹部脂肪堆積問題所開發的分解燃燒系醫藥品。成分當中含有便祕藥中常見的大黃，因此也能對便祕問題發揮作用。

指定 第2類医薬品

EXIV

メンソレータム
エクシブ EX液

廠商名稱 ロート製薬

容量/價格 14mL 1,600円

結合抗真菌劑、3種止癢成分與抗發炎成分，一天只需使用一次的香港腳藥水。不沾手的噴霧罐設計，使用起來簡單又快速，而且藥水本身帶有清新的皂香。

第2類医薬品

Toukaijyo

糖解錠

廠商名稱 摩耶堂製薬

容量/價格 170錠 4,800円 / 370錠 9,600円

日本藥妝店當中，唯一在外盒上印著糖尿病三個大字的醫藥品。搭配多種能對胰島素阻抗產生作用的中藥藥方，是訴求相當特別且存在感相當強烈的中藥OTC醫藥品。

第3類医薬品

Ibokorori

イボコロリ
内服錠

廠商名稱 横山製薬

容量/價格 180錠 2,600円

主成分為高劑量薏仁萃取物，適合用來改善出現於臉部、頸部、腹部以及背部等不適合使用水楊酸外用藥劑處理的贅疣。不只能夠解決皮膚上的贅疣問題，作為熱門美肌成分的薏仁萃取物，也能有助於應對肌膚乾荒。

第3類医薬品

Hepalyse

ヘパリーゼ プラスII

廠商名稱 ゼリア新薬工業

容量/價格 180錠 4,500円

包括肝臟水解物在內，添加多種有助於肝臟及腸胃健康的成分。在日本長銷超過40年，一直是日本人護肝OTC醫藥品的首選之一，近年來更是受到眾多華人旅客青睞。

指定 第2類医薬品

Aneron

アネロン「ニスキャップ」

廠商名稱 エスエス製薬

容量/價格 3顆　600円 / 6顆 1,000円
9顆 1,400円

添加4種能對自律神經與平衡感覺發揮作用的成分，搭配能對胃黏膜產生局部麻醉作用的成分，是一款一天只需服用一顆就可以的長效型止暈藥。

第**1**類
医薬品

for MEN

RiUP

リアップX5
プラスネオ

🏠 廠商名稱 大正製薬

¥ 容量/價格 60mL 7,400円

品牌誕生於1999年的RiUP，可說是日本生髮液的先驅，被許多有頭髮生長困擾的日本患者列為用藥首選。有效成分為高達5％濃度、可活化毛囊與基質細胞的米諾地爾，再搭配7種獨家頭皮養護成分，能打造出一個更適合頭髮生長的環境，相當推薦給有掉髮問題的青、壯年男性使用。

第**1**類
医薬品

for WOMEN

RiUP
Regenne

リアップ
リジェンヌ

🏠 廠商名稱 大正製薬

¥ 容量/價格 60mL 5,239円

在日本藥妝店中相當少見的醫藥品等級女性專用生髮液。除主要生髮成分米諾地爾之外，還針對女性特有的頭皮環境添加潤澤防乾燥成分。建議有掉髮問題，或是想讓髮絲更加強健的女性，每日於白天吹整頭髮前以及晚上洗髮後使用。

指定
第**2**類
医薬品

Borraginol

ボラギノールA注入軟膏

🏠 廠商名稱 アリナミン製薬

¥ 容量/價格 2g×10個 1,800円
2g×30個 4,800円

添加抗發炎類固醇、局部麻醉、組織修復以及促進末梢循環等四大成分，可同時應對內痔、外痔與肛裂引起之疼痛、搔癢困擾的注入型軟膏。

第**3**類
医薬品

Chondroitin

コンドロイチン
ZS錠

🏠 廠商名稱 ゼリア新薬工業

¥ 容量/價格 270錠 7,505円

若問日本人推薦哪一款顧筋骨的軟骨素，不少人最先想到的就是這罐熱賣近60年的老字號。處眾多同質性商品當中，就只有這罐的硫酸軟骨素劑量高達1,560毫克。這一罐不只能拿來對付關節痛、神經痛、腰痛及五十肩等問題，也曾拿來改善神經性與外傷性所引起的聽力障礙。對於日本的中高齡族群而言，可說是相當重要的保健藥品。

指定
第**2**類
医薬品

PRESER ACE

プリザエース坐剤T

🏠 廠商名稱 大正製薬

¥ 容量/價格 10個 1,600円 / 20個 3,000円
30個 4,000円

添加7種有效成分，用於應對內痔問題的肛門塞劑。搭配抑制疼痛感、出血以及發炎症狀成分，使用起來帶有舒緩的清涼感，能緩解內痔所造成的劇烈疼痛及突發性出血。

第**2**類
医薬品

和漢箋

キアガード

🏠 廠商名稱 ロート製薬

¥ 容量/價格 24錠 1,300円

近年來，日本人格外重視氣壓所引起的「天氣型頭痛」，甚至有專用的APP會提醒使用者氣壓即將出現變化，要注意頭痛問題發生。天氣型頭痛的成因，來自氣壓變化對內耳及自律神經產生影響，進一步造成腦血管擴張或腦部組織水腫而壓迫神經。這款獨特的頭痛藥，則是採用中藥中具有代謝水分及促進循環作用的五苓散，透過改善腦部組織水腫與促進循環的方式，對付成因特殊的天氣型頭痛。

還原型CoQ10
存在於所有細胞之中,細胞活動的必需物質!

這就是元氣的根源!

維持人體活動所需的能量,是由每個細胞當中的線粒體所製造。對於人體能量工廠線粒體而言,最不可或缺的原料成分就是「還原型CoQ10」——這是一種存在於所有細胞裡頭,並且能在線粒體當中發揮作用,輸送氧氣、營養至全身的重要輔酶。

人體內部所需的能量,是利用飲食攝取的「營養素」和經由呼吸進入體內的「氧氣」所製造。在產生能量的過程中,「還原型CoQ10」可說是必須的成分之一。人體在產生能量的同時,也會產出能促使人體氧化的活性氧。而「還原型CoQ10」,則具備了去除活性氧的作用。

換言之,能夠同時協助人體產生能量,並且去除活性氧的「還原型CoQ10」,是人體維持生命活動的必需成分。

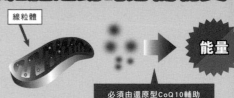

線粒體 → 能量

必須由還原型CoQ10輔助

在各樣研究當中,發現原本作為缺血性心疾患用藥的「CoQ10」,對於改善疲勞、睡眠、壓力、口腔護理、認知機能等方面,都具有正面幫助。目前在全球35個國家當中,共發展出450種以上的機能性表示食品或保養品。

「氧化型CoQ10」與「還原型CoQ10」的差異?

一般來說,「CoQ10」通常會與氧氣產生反應而氧化,因此又可稱為「氧化型CoQ10」;相對來說,「還原型CoQ10」則是不會氧化,又能在人體內直接發揮作用的優秀成分。

氧化型CoQ10

如同蘋果切開後會變色一般,「氧化型CoQ10」會與氧氣產生反應而後氧化。換言之,「氧化型CoQ10」在人體內必須先被轉換成「還原型CoQ10」,方能為人體所利用,因此需要一段時間才能真正產生效果。在體感方面,則是因人而異。

還原型CoQ10

原本就存在於人體當中並發揮作用的「CoQ10」,其實就和「還原型CoQ10」屬於相同狀態。也正因為如此,攝取「還原型CoQ10」,便能直接對人體發揮作用,並且快速產生效果。研究後更發現,每個人的使用體感,差異不會太大。

氧化型CoQ10 — 轉換能力會隨年齡增長而衰退 — 需要轉換成還原型CoQ10才能被人體利用 — 還原型CoQ10

還原型CoQ10 — 能夠直接被人體所利用 — 還原型CoQ10

Q10實力有感!

わたしのチカラ® Q10優格系列
同時應對疲勞、睡眠、壓力3大困擾
添加「還原型CoQ10」的
全新機能性表示食品問世

日本人睡眠時間短，這是眾所皆知的事實，因此又有「睡眠負債國」之稱。有項數據指出，日本近幾年在新冠疫情影響下，有睡眠相關困擾的人數持續增加，甚至有高達八成的日本人，都深受睡眠問題所苦。

在疫情期間，日本國內主打「緩解壓力」及「輔助睡眠」等機能的食品‧飲品市場，規模亦持續擴大，其中一項產品便是「還原型CoQ10」含量高達100毫克的機能性表示食品——「Q10優格」以及「Q10優酪乳」。

經日本臨床實驗發現，「還原型CoQ10」對於有暫時性壓力的民眾而言，具備「提升睡眠品質*」、「減輕起床時的疲勞感」以及「減輕暫時性壓力」等3項輔助機能。

臨床實驗結果指出，在攝取2個月的「還原型CoQ10」之後，受驗者「壓力度」、「睡眠品質」與「疲勞感」等3項指數都有正面改善。

＊註：提升睡眠品質意指「熟睡」、「深眠」以及「睡眠不中斷」。

■攝取量：還原型CoQ10 100mg/每日
■攝取期間：8週
■實驗對象：24名自覺有暫時性壓力問題的健康成年男女(VSA 70分以上)。

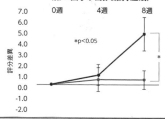

睡眠品質
OSA睡眠問卷MA版
(第II因子:入眠與維持睡眠)

*p<0.05

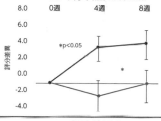

起床時的疲勞感
OSA睡眠問卷MA版
(第IV因子:入眠與維持睡眠)

*p<0.05

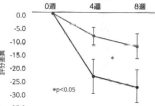

暫時性壓力
(VSA評估)

*p<0.05

Mean ±SD, ── 攝取還原型CoQ10 ── 攝取安慰劑

KANEKA

わたしのチカラ®
Q10ヨーグルト
ドリンクタイプ

¥ 容量/價格　100g 138円

KANEKA

わたしのチカラ®
Q10ヨーグルト

¥ 容量/價格　90g 138円

日本市面上的「還原型CoQ10」代表商品 ///////////////////

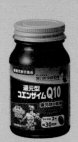

野口医学研究所	還元型 コエンザイムQ10
🏠 廠商名稱	野口医学研究所
¥ 容量/價格	60粒 4,980円

「野口醫學研究所」是在1983年時，為紀念細菌學家野口英世博士所設立的機構，一直以來致力於推動國際醫學教育，並且捐出部分品牌收益，用於培育照顧患者的醫療從事人員，或協助推動醫學教育活動。此商品是「野口醫學研究所」的第一瓶機能性表示食品。

DHC	コエンザイムQ10 ダイレクト　還元型
🏠 廠商名稱	DHC
¥ 容量/價格	60粒 2,356円

日本健康輔助食品大廠DHC所推出的版本。添加胡椒素可輔助人體吸收「還原型CoQ10」，以每日建議攝取量來看，是少數含量高達110毫克的產品。

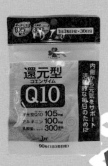

KURASHI RHYTHM	還元型 コエンザイム Q10
🏠 廠商名稱	ツルハドラック
¥ 容量/價格	90粒 3,980円

鶴羽藥妝的自有品牌，同集團的福太郎藥局也都可以買到。除「還原型CoQ10」之外，還添加可提升活力的精胺酸和乳酸菌，可說是強化腸道健康型的「還原型CoQ10」產品。

UNIMAT RIKEN	還元型 コエンザイム Q10
🏠 廠商名稱	ユニマットリケン
¥ 容量/價格	30粒 1,500円

在日本長銷超過10年的瓶裝「還原型CoQ10」所推出的15天份袋裝版本。在每2粒膠囊當中，不但含有100毫克的「還原型CoQ10」，還額外添加維生素E，使效果更能相輔相成。從容量與價格來看，CP值相當高，可說是「還原型CoQ10」的入門款好選擇。

KANEKA	わたしのチカラ 還元型コエンザ Q10
🏠 廠商名稱	カネカユアヘルス 株式会社
¥ 容量/價格	30粒 3,454円

「還原型CoQ10」研發廠商的自有銷牌，在日本僅能透過網路或電視購手。正因為是由原料廠商所推出的產普遍被認為品質較高，因此有不少人名購買。此外，若是經由官網訂購，到達數量門檻，便能享有特定優惠。

「甘草萃取光甘草定」

脂肪與肌肉雙管齊下！
KANEKA Glavonoid

萃取自甘草的「光甘草定」，是一種能輔助脂肪分解、增加肌肉量以及提升基礎代謝的成分。

何謂「甘草萃取光甘草定」？
早在4千多年前，「甘草」就已經成為人類的食物之一，而在歐美各國，更是許多人製作甜點時會添加的成分。其中，萃取自「光果甘草」的成分，就被稱為「甘草萃取光甘草定」。

「甘草萃取光甘草定」的效用原理
此成分的最大特色，就是同時具備「增肌」與「減脂」兩項作用。由於「甘草萃取光甘草定」能夠燃燒脂肪，使脂肪難以囤積於人體之中，所以能夠有效減少脂肪量。同時，也能透過增加肌肉量的方式，來提升人體基礎代謝，因此能發揮相當優異的體重管理成效。

「甘草萃取光甘草定」
的最大特徵

① 抑制脂肪合成

甘草萃取光甘草定
＋
運動

② 肌肉量增加

KURASHI RHYTHM メタグラボEX

🏠 **廠商名稱** ツルハドラック

¥ **容量/價格** 90粒 4,890円

鶴羽藥妝的自有品牌商品，是一款能輔助偏肥胖體態之健康人士，減少腹部內臟脂肪的機能性表示食品。「甘草萃取光甘草定」能針對全身發揮「促進脂肪分解」與「抑制脂肪合成」兩大作用。除9毫克的「甘草萃取光甘草定」之外，還額外添加100毫克的「還原型CoQ10」。

KANEKA わたしのチカラ® GLABODY

🏠 **廠商名稱** カネカユアヘルスケア株式会社

¥ **容量/價格** 30粒 3,454円

能輔助偏肥胖體態之健康人士減少腹部脂肪，並抑制腹部皮下脂肪等全身脂肪量增加、做好腰圍管理的機能性表示食品。目前只能透過網路購買，若達指定購買門檻，即可享有折扣優惠。網路購物可參考以下網站：http://www.kaneka-yhc.co.jp。

ビタミンB
ミックス 30日分

DHC｜DHC
60粒 229円
1日2粒

可同時攝取到維生素B1、B2、B6、B12、菸鹼酸、泛酸、生物素及葉酸等8種維生素B群，能兼顧美容與健康。價位相當親民，對小資族也不會構成太大負擔。

ビタミンC
（ハードカプセル）30日分

DHC｜DHC
60粒 250円
1日2粒

每日2粒相當於攝取50顆檸檬的維生素C含量，同時添加具有美容功能的維生素B2，是一款能夠創造青春活力及維持健康美麗的美容系維生素。建議早晚各服用一顆，就能簡單補充1,000毫克的維生素C。

ビタミンD
30日分

DHC｜DHC
30錠 286円
1日1粒

近年來因疫情而備受矚目的維生素D。對無法透過日曬方式補充維生素D的人來說，此類補充品就顯得更加重要。一天只要服用1錠，就能簡單補充25微克的維生素D。

亜鉛 30日分

DHC｜DHC
30錠 267円
1日1粒

維持人體健康所必需的鋅。原本是主攻男性族群的營養元素，近來則因鋅有輔助維持味覺正常、修復皮膚黏膜健康等功能，所以在疫情期間成為了一款備受矚目的營養補充品。

カルシウム／マグ
30日分

DHC｜DHC
90顆 380円
1日3粒

採用理想的2:1比例，每天只要服用3顆，就能同時補充360毫克的鈣與206毫克的鎂。此外，更搭配能幫助鈣質吸收的維生素D，並加入CPP以輔助鈣質可確實附著於骨骼之上。

DHA 30日分

DHC｜DHC
120粒 1,191円
1日4粒

DHA與EPA有降低血液中中性脂肪以及記憶力等功能，一天只要服用4粒，就能同時補充510毫克DHA以及110毫克EPA。適合不喜歡吃魚，或是日常飲食中不易攝取到魚類的族群做為營養補充。（機能性標示食品）

UHA瞬間サプリ

　　繼常見的錠劑、膠囊、散劑，到後來追求口感的果凍及軟糖之後，知名KORORO軟糖製造商UHA味覺糖，在2021年推出了全新口感的「瞬間補充系列」──採速溶口含錠製劑技術，不需搭配開水即可隨時隨地服用。無糖配方，即使有糖量攝取限制的人也不必擔心。以下各款，每日建議攝取量均為2錠。

瞬間サプリ
鉄

UHA	UHA味覚糖 60錠 980円

2粒含10mg鐵質，綜合莓果口味。

瞬間サプリ
ビタミンC

UHA	UHA味覚糖 60錠 980円

2粒含500mg維生素C，綜合檸檬口味。

瞬間サプリ
マルチビタミン

UHA	UHA味覚糖 60錠 980円

2粒含12種維生素及100億個奈米乳酸菌，葡萄柚口味。

瞬間サプリ
高濃度ビタミンD

UHA	UHA味覚糖 60錠 980円

2粒含1500IU維生素D，白葡萄口味。

瞬間サプリ
亜鉛

UHA	UHA味覚糖 60錠 980円

2粒含14mg鋅，可樂口味。

瞬間サプリ
マルチビタミン

UHA	UHA味覚糖 60錠 980円

2粒含10mg葉黃素，藍莓口味。

健康輔助食品 美容健康

B.A

タブレット

ポーラ
60粒(30天份) 7,000円
180粒(90天份) 18,000円

在華語圈當中人氣極高的「抗醣丸」，主成分是由POLA獨家研發的「Ch-A萃取物」，具抗老化、抗氧化效果，特別適合重視抗齡保養以及膚色偏黃或暗沉的族群。在日本市面上，同性質的健康輔助食品並不多，因此在部分觀光客較多的區域，經常會供不應求，賣到缺貨。

HAKU

美容サプリメント

HAKU
90粒 5,000円

HAKU家族的新成員——驅黑淨白美肌錠。嚴選胱胺酸、維生素C、辣木以及萃取自鳳梨的專利成分rightening pine…等七大美肌成分，能提升肌膚清透度，由內而外散發好氣色，打造出淨白無瑕的極緻美感。不只成分講究，就連包裝設計也相當用心，質感完全跳脫營養補充品的框架，一眼就能看出與美白保養有關。

ORBIS

ディフェンセラ ゆず風味

オルビス
1.5g×30包 3,200円

日本市售商品中目前唯一取得特保認證標章的美容型健康輔助食品。主成分DF-神經醯胺，是從1噸米胚芽當中才能萃取出2公克的珍稀成分。經日本國家認證，可減少水分從肌膚表面蒸散，進而達到提升肌膚保水力的作用。清爽柚香風味順口，分條包裝攜帶方便，不需配水可隨時隨地服用。

ASTALIFT

ピュアコラーゲンパウダー

富士フイルム
5.5g×30條 4,486円

富士軟片活用奈米化技術所研發，極力去除雜質及異味的低分子膠原蛋白粉。不僅能快速溶解，就算加在白開水當中也幾乎無色無味，因此可隨心所欲地添加在各種食物與飲料當中。分條包裝攜帶便利，能放在包包中方便隨時補充。

ALFE

Beauty Series〈パウダー〉

大正製藥
(粉紅)30包 1,980円 / (白)30包 2,480円
(藍) 30包 2,480円

每包含有1,000毫克膠原蛋白與2毫克的鐵，可幫助女性打造好氣色的美容系營養補充品。粉末細緻，不需搭配開水可直接食用，也可以混合在紅茶或優格中享用。來自各種天然果汁的風味香甜順口，除了基本的膠原蛋白加鐵之外，還能針對想要強化美白或是補水保濕等需求，選擇添加不同美容成分的產品類型。

ビューティコンク
膠原蛋白+鐵
濃厚日本國產蜜桃口味

ホワイトプログラム
膠原蛋白+鐵+胎盤素
酸甜芭樂+百香果口味

ディープエッセンス
膠原蛋白+鐵+神經醯胺
芳醇白葡萄&檸檬口味

The Collagen

ザ・コラーゲン
<タブレット>

資生堂薬品
126粒 3,000円

小分子膠原蛋白添加獨家美容專利成分及多種美肌成分，能輔助肌膚保持彈力及水潤感，除了經典熱銷的膠原蛋白粉外，這款錠劑劑型版本更方便吞服及攜帶，是日本藥粧店中熱賣的膠原蛋白錠劑之一。

DHC

コラーゲン 30日分

DHC
180錠 753円
1日6粒

日本藥妝店中的熱門平價款膠原蛋白錠。在每日建議攝取量的6錠當中，共含有2,050毫克的魚膠原蛋白胜肽。由於價格相當親民，所以特別適合預算有限的小資族。

FUJIFILM

飲む
アスタキサンチンAX

富士フイルム
60粒 4,712円

主成分為蝦青素，據稱可透過抗氧化作用，抑制體內血脂氧化，同時守護肌膚潤澤度，可說是一款美肌力與健康力兼具的保健聖品。（機能性表示食品）

DHC

香るブルガリアン
ローズカプセル 30日分

DHC
60粒 1,690円
1日2粒

採用100%大馬士革玫瑰精油所打造的香氛膠囊。一整包所含的玫瑰精油量，來自於850朵大馬士革玫瑰。在服用膠囊後，優雅的玫瑰花香可掩蓋令人在意的氣味，相當適合在意自己體味的人。

DHC

届くビフィズスEX
30日分

DHC
30顆 1,750円
1日1顆

在每一顆當中，含有200億個比菲德氏菌BB536，能讓腸道菌叢維持良好狀態，進而改善排便狀況與腸道健康。採用耐酸性膠囊包覆，能確保好菌順利抵達腸道。（機能性表示食品）

DHC

メリロート
30日分

DHC
60粒 950円
1日2粒

可用來應對水腫問題的人氣補充品。主成分為黃香草木樨萃取物，再搭配爪哇茶、銀杏與唐辛子等多種植物萃取成分，適合工作需要久站久坐，有水腫困擾的人。

健康輔助食品 生活輔助

FUJIFILM
メタバリアプレミアムEX

富士フイルム
240粒 5,420円

熱銷超過1,700萬罐，包裝標示只要在餐前攝取，即可抑制糖脂吸收，發揮調節腸道環境與縮小腰圍的效果，相當適合愛吃油炸食物且BMI值偏高的族群。（機能性表示食品）

DHC
フォースコリー 30~60日分

DHC
120錠 2,715円
1日2~4粒

採用風行美國多年的體脂肪對策成分「毛喉鞘蕊花萃取物」，在日本可說是DHC主打的熱門品項之一，適合在意體脂肪或是想提升運動效率的人。

Livita
プレミアムケア 粉末スティック

大正製薬
30袋 3,180円

堪稱目前日本藥妝店中功能最多的機能性表示食品，可同時輔助血壓偏高、餐後血糖、餐後三酸甘油脂以及腸道狀態的健康管理。綠茶口味十分討喜，喝起來順口又清爽。官方建議攝取量是一天一包。（機能性表示食品）

Livita
ファットケア スティックカフェ モカ・ブレンド

大正製薬
30袋 2,800円

為解決腰間贅肉與體脂肪困擾所推出的摩卡風味咖啡粉。利用咖啡豆寡糖包覆並排出脂肪的特性，幫助減少人體吸收過多脂肪。一天建議攝取量為3包，適合做為飯後咖啡飲用。（機能性表示食品）

Healthya
ヘルシアW いいこと巡り

花王
15包 2,916円

花王運用多年的咖啡豆綠原酸研究成果，研發出可同時應對血壓與內臟脂肪偏高問題的健康輔助品，並同時推出「咖啡」與「黑豆茶」兩種風味可供選擇。方便攜帶的分包裝粉末類型，無論是做成熱飲或冷飲都OK！也可以搭配牛奶或豆漿，調製出咖啡牛奶、黑豆奶等個人風味特調飲。（機能性表示食品）

コーヒー風味
咖啡風味

黒豆茶風味
黑豆茶風味

緑の習慣

アリナミン製薬
3粒×10包 1,980円 / 3粒×24包 4,580円

採用富含59種營養素、來自沖繩石垣島的綠蟲藻為主原料，再搭配大麥若葉、明日葉以及羽衣甘藍等人氣綠色素材，不只適合蔬菜或魚、肉攝取不足的偏食族，對於食量減少的老人家來說，也是相當不錯的營養補充來源。

DHC

Wの乳酸菌と食物繊維がとれる
よくばり青汁

DHC
30包 2,550円
1日1～2包

採用日本國產大麥若葉，搭配兩種有助腸道健康的乳酸菌及膳食纖維，堪稱是青汁的代表商品之一。對於平日蔬菜攝取量不足的人來說，這款喝起來沒有奇怪草味的青汁，可說是照顧腸道健康的好幫手。

DHC

血糖値ダブル対策

DHC
90錠 1,371円
1日3粒

融合大花紫薇萃取物與桑葉萃取物，是目前市面上相當少見，可同時控制飯前與飯後血糖值的健康輔助食品，適合在意糖分攝取問題的族群。（機能性表示食品）

DHC

ルテイン 光対策

DHC
30粒 1,143円
1日1粒

主成分為葉黃素，可幫助受藍光傷害之視網膜維持健康色素濃度，藉此維持或改善雙眼的顏色對比感敏度。此外，還搭配有「眼藥之樹」美名的毛果械樹萃取物，對於長時間接觸3C產品的族群來說，是一款相當不錯的視力健康補充品。（機能性表示食品）

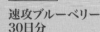

DHC

速攻ブルーベリー
30日分

DHC
60粒 1,350円
1日2粒

DHC旗下熱賣的藍莓護眼軟膠囊。升級改版後不只吸收速度提升3倍，就連主成分藍莓萃取物也隨之增量，並且還搭配了葉黃素、β胡蘿蔔素、茄紅素等10種健康輔助成分。

Refine

脳キレイ

花王
15包 2,980円

主成分萃取自咖啡豆的綠原酸，主打能提升睡眠品質與改善認知機能的健康輔助食品。對於精神壓力大不容易入睡，或是近來感到注意力不易集中、運動協調反應不流暢的人來說，是值得一試的新品。（機能性表示食品）

5
CHAPTER

日本人的

美與生活

LuLuLun
日本卸妝新風潮！
不只卸得乾淨，
還兼顧美容保養效果

近年來，日本美妝界有項新單品異軍突起，那就是使用前質地偏固態，但在接觸到肌膚的瞬間便會輕柔化開，並將臉上彩妝及髒汙一掃而空的卸妝膏。

有別於歐美品牌偏油膩厚重的質地，日本品牌卸妝膏質地相對輕柔好沖洗。除此之外，各大品牌還搭配各種膚質或保養需求，同時推出多種不同品項供消費者選擇。

這股卸妝膏風潮的興起，讓許多藥妝店或美妝店中，原本僅占一小格的卸妝膏貨架，擴大到兩、三層，甚至是占據了整面貨架。

知名每日面膜品牌LuLuLun旗下的卸妝膏，在2021年12月上市時，曾一舉奪下唐吉訶德全店卸妝銷售榜的第一名，甚至一度熱賣到斷貨。由此可見，這股卸妝膏風潮在日本有多麼瘋狂！

LuLuLun Cleansing Balm CLEAR BLACK

グライド・エンタープライズ
90g 2,200円

針對肌膚代謝異常產生的角質化不完全問題所研發，不僅能完整卸除臉部彩妝與防曬品，更能透過炭、泥及酵素等成分，發揮吸附與軟化角質作用，徹底潔淨毛孔髒汙及粉刺。在美容成分方面，則是添加能抑制發炎、輔助肌膚代謝正常化的艾草萃取物、可應對痘痘肌困擾的絲綢蛋白粉，以及可同時滿足毛孔調理、美白及抗氧化等保養需求的維生素C衍生物。非常適合膚質偏油，容易有冒痘痘或毛孔粗大問題者使用。

**毛孔
對策型**

清透感SHINE!
毛孔髒汙CLEAR!
老廢角質BYE!

LuLuLun Cleansing Balm RICH MOIST

グライド・エンタープライズ
90g 2,200円

針對肌膚代謝異常所引起的角質肥厚問題所研發，能在潔淨臉部彩妝及髒汙的同時，改善因乾燥而顯得粗大的毛孔，提升肌膚整體清透感與彈潤感。除了具備抗氧化作用的維生素C衍生物之外，還添加能吸附老廢角質、髒汙成分，以及保護肌膚不受紫外線傷害的植萃多酚。採用獨特的荷荷芭油潤澤膜配方，能改善肌膚乾荒，提升彈力，賦予飽水撫潤感受。

**乾燥
對策型**

清透感SHINE!
彈嫩肌COME!
保水力UP!

挖勺也有個家！
再也不擔心找不到挖勺

大部分的卸妝膏皆會附上挖勺，但通常都是收納在掀蓋內側，或是必須另外找地方保管，因此卸妝膏最常被詬病的缺點，就是要使用時常常找不到挖勺，或是挖勺取用不方便。LuLuLun卸妝膏的挖勺具有獨特掛勾設計，可以直接掛在瓶蓋上，大幅提升了挖勺收納和取用時的便利性。

臉部清潔
卸妝

RAFRA バームオレンジ

廠商名稱 ラフラ・ジャパン

在日長年熱銷,兼具卸妝油潔淨力與面膜潤澤力的溫感卸妝膏。92%由潤澤美肌成分所組成,幾乎不含一滴水,不僅能夠確實清潔毛孔髒汙,還能讓肌膚比卸妝前更加水潤。在2021年的品牌改版中,將原本的玻尿酸與膠原蛋白含量加倍,同時新增維他命C衍生物等美肌成分,堪稱是一款保養級的卸妝膏。

滋潤保養型

バームオレンジ

100g 3,200円

#經典版本 #人氣長銷品 #獨家調和天然柑橘精油香

抗齡保養型

バームオレンジ ルビーリッチ

100g 3,400円

添加蝦青素、富勒烯及A醇 #抗齡成分 #天然柑橘玫瑰香

毛孔調理型

バームオレンジ ポアフレッシュ

100g 3,400円

#添加西洋薊與博士茶葉萃取物 #緊緻毛孔成分 #帶有微涼感的柑橘薄荷香

Bioré パチパチはたらく メイク落とし

花王
210mL 1,000円

能快速卸除高持妝性彩妝的卸妝泡。不同於傳統卸妝產品用手指打轉按摩的方式,在使用這款新型態卸妝泡時,不需過度按摩臉部,只要用按壓的方式,卸妝泡就能在破裂瞬間帶走臉部彩妝。待臉上所有卸妝泡都消失後,只要用水沖洗,就能簡單完成卸妝工作。

naive naive BOTANICAL ホットクレンジングバーム

クラシエホームプロダクツ
170g 900円

添加有機橄欖油及日本國產橄欖汁,可發揮優秀保濕力與毛孔保機能的溫感卸妝膏。還搭配毛孔斂成分,能在潔淨毛孔後讓粗大孔顯得更加緊緻。採用天然精油香,帶有舒服的植萃香氛。

Prédia スパ・エ・メール ファンゴ W クレンズ

コーセー
150g 2,500円 / 300g 4,500円

基底為天然礦物泥,不只是毛孔髒汙及彩妝,就連氧化皮脂都能確實卸除的卸妝霜。質地濃密,推展起來卻相當滑順舒服,所以很適合邊卸妝同時按摩臉部肌膚。搭配清新的海洋花香調,讓日常卸妝也能有SPA等級的療癒感。

DHC 薬用ディープクレンジングオイル(I

DHC
200mL 2,477円

堪稱是DHC金字招牌,上市以來系列熱銷超過1.6億瓶的經典卸油。採用頂級初榨橄欖油為底,具備優秀潔淨力,而且卸後的肌膚觸感顯得滑嫩滋潤。論是耐水抗油的彩妝或防曬,能簡單迅速卸除。(医薬部外品)

臉部清潔
洗臉

clé de peau BEAUTÉ

ムースネトワイアントC n

クレ・ド・ポー　ボーテ
140g 6,000円

泡泡極為細緻綿密，搭配細微天然磨砂顆粒，能確實清潔毛孔髒汙，讓肌膚整體顯得更加清透亮。採用富含胺基酸的保濕洗淨成分為基底，再搭配有天然保濕功效的「銀耳」，可提升絕佳水潤感。是一款不只能徹底潔淨，更具備保養機能的奢華潔顏乳。

雪肌精 みやび

アルティメイト フェイシャル　ウォッシュ

コーセー
200mL 5,000円

添加富含維生素C的薏仁R2與植物奢華成分，可在洗臉同時就深入保養肌膚的潔顏乳。質地如同精華液般滑順，泡泡延展零阻力，不會對臉部肌膚造成過度拉扯。洗淨後的膚觸滑順水嫩，可為後續保養做好暖身。

REVITAL

クリーミーホイップ

リバイタル
125g 3,500円

能強化潔淨「光老化」物質，作為抗齡保養第一步的抗皺淨煥活膚皂。由於肌膚上氧化的過剩皮脂，會產生名為「壬烯醛」的物質，不僅帶有「熟齡氣味」，還會導致肌膚變薄，因此對熟齡肌而言，確實洗淨「光老化」物質，在整體保養工作上便顯得格外重要。此外，更搭配獨家紫5力植萃複合成分，能在重整肌理的同時，培育肌膚抵禦紫外線傷害的能力。

リニュー ムース ウォッシュ

花王
200g 3,300円

質地宛如綿密滑順的奶霜泡，能將堆積在肌膚上的暗沉感一掃而空的碳酸潔顏泡。不僅能確實洗淨皮脂與髒汙，用水沖淨後，肌膚還帶有Q彈潤澤感及清透感，讓你揮別緊繃，只留清爽。

RAFRA

マシュマロオレンジ クレイウォッシュ

ラフラ・ジャパン
150g 2,200円

添加潔淨泥成分的碳酸潔顏泡，能確實洗淨導致肌膚暗沉之老廢角質，同時發揮良好的毛孔髒汙吸附力。具有彈力的潔顏泡，可在洗臉過程中用來按摩臉部肌膚，也可在按摩後稍作停留，當成面膜厚敷片刻。豐富的潤澤保濕成分，能讓洗後肌膚更顯清透水潤。

雪肌精

ホワイト クリーム ウォッシュ

コーセー
130g 2,000円

添加滿滿東洋草本萃取成分的潔顏乳，可用雙手簡單搓出綿密且充滿彈力的泡泡。質地溫和，能確實洗淨毛孔髒汙及老廢角質。洗後的肌膚摸起來水嫩不乾澀，而且還會散發出宛如白雪般的清透感。

d program

エッセンスイン クレンジングフォーム

dプログラム
120g 1,900円

專為敏感肌設計，可利用超彈力氣墊泡沫溫和洗淨老廢角質的潔顏乳。添加甘草酸二鉀，以及獨家的「高濃度H-穩定配方B」，能在潔淨臉部的同時改善粗糙及塑造角質屏障，進而發揮安撫不穩肌的作用。對於敏感肌族群而言，是一款相當推薦的潔顏乳。(医薬部外品)

ONE BY KOSÉ

ダブル ブラック ウォッシャー

コーセー
140g 1,800円

專為毛孔粗大、老廢角質與暗沉物質堆積所研發的洗敷兩用潔顏乳。搭配黑炭與三種海泥成分，能有效吸附並潔淨毛孔髒汙，清除堆積於臉部肌膚上的老廢暗沉物質。除了直接用來潔顏之外，也推薦每週一到兩次在皮脂分泌旺盛時，先將潔顏乳敷在臉上約一分鐘，之後再以一般潔顏程序洗淨臉部。

Obagi

オバジC 酵素洗顏パウダー

ロート製薬
0.4g×30個 1,800円

結合Obagi品牌核心成分維生素C，以及蛋白分解酵素與皮脂分解酵素，主打能洗出滑順清透肌的酵素潔顏粉。在保濕成分方面，相當講究地採用少見的漢莊魚腥草與褐藻萃取物，可兼顧強效潔淨力與肌膚滋潤度。

SOFINA iP

ポア クリアリング ジェル ウォッシュ

花王
30g 1,800円

鼻翼黑頭粉刺的剋星,只要用過一次,就會感動到泛淚的毛孔潔淨凝膠。只要將漆黑色的凝膠敷在鼻頭、額頭或下巴等黑頭粉刺頑固駐守的部位,並以繞圈方式加以按摩,獨特的崩壞洗淨技術,便能選擇性地溶解粉刺的脂質,同時抑制蛋白質凝聚,藉此由內部瓦解頑固粉刺。接著只要用水沖淨,就能讓毛孔大口呼吸了!

TRANSINO

クリアウォッシュEX

第一三共ヘルスケア
100g／1,800円

主打能洗淨臉部暗沉感的亮白型洗面乳。在2022年這波改版中,除原先的預防乾荒、保濕及暗沉潔淨成分外,還增添毛孔髒汙吸附與毛孔調理成分,同時也大幅提升起泡力以及泡泡的持久性、細緻度與濃密感,讓潔顏效果與體感都明顯提升許多。(医薬部外品)

suisai beauty clear

パウダーウォッシュ N

カネボウ化粧品
0.4g×32個 1,800円

到日本藥妝店必掃的定番洗顏粉。含兩種酵素和胺基酸系洗淨成分,能溫和且確實地潔淨臉部髒汙。添加以玻尿酸為基底的強化保濕成分,讓清潔後的肌膚不緊繃、不乾澀。

suisai beauty clear

ブラック パウダーウォッシュ

カネボウ化粧品
0.4g×32個 1,800円

suisai洗顏粉在2021年秋季推出的新成員。額外添加皮脂吸附複合成分(炭粉、摩洛哥熔岩礦泥),可有效清除過剩皮脂,特別適合T字部都容易泛油光的人或皮脂分泌旺盛的男性使用。

MINON AminoMoist

MINON AminoMoist モイストクリーミィ ウォッシュ

第一三共ヘルスケア
100g 1,500円

利用植物性胺基酸系洗淨成分,可簡單用雙手搓出綿密有彈性的泡泡。如此一來,就可以在不刺激、不過度拉扯肌膚的狀態下完成洗臉動作。對於乾燥敏弱肌而言,洗臉的順序也很重要,記得要從額頭或T字等皮脂較多的部位先洗,這樣才能維持整體的皮脂平衡。

透明白肌

ホワイトフェイスウォッシュ

石澤研究所
100g 1,300円

同時結合蒟蒻按摩微粒以及黑炭、海泥成分,能發揮高效率的老廢角質與多餘皮脂潔淨作用。略帶黏度的濃密潔顏泡,讓洗臉時觸感更加滑順。同時搭配豆乳發酵液體、植物性胎盤素與膠原蛋白等多種保濕成分,洗後肌膚不會顯得緊繃乾澀。

PAIR

ペアアクネ
クリーミーフォーム

ライオン
80g 1,200円

日本藥妝採買清單中常見的抗痘藥膏系列所推
出的潔顏乳。質地溫和不刺激，即使不穩肌、
痘痘肌族群也可以安心使用。特別添加殺菌及
消炎成分，能針對紅腫的痘痘問題加強護理。
（医薬部外品）

毛穴撫子

重曹スクラブ洗顔

石澤研究所
100g 1,200円

專為草莓鼻等毛孔清潔困擾所
研發的小蘇打去角質洗顏粉。
利用小蘇打軟化、洗淨老廢角
質及多餘皮脂，可解決肌膚表
面摸起來凹凸粗糙的問題。當
去角質微粒遇水後就會變得圓
滑，因此不會對肌膚產生過度
摩擦。

毛穴撫子

男の子用重曹スクラブ洗顔

石澤研究所
100g 1,200円

毛穴撫子小蘇打去角質洗顏乳
的男性用版本。同樣採用小蘇
打與去角質微粒成分，再搭配
酵素強化潔淨力，適合男性特
有的超油性膚質。使用起來帶
有舒服的清涼感與清新的尤加
利香氣。

AHA

CLEANSING RESEARCH
ウォッシュクレンジング N

BCL
120g 1,000円

堪稱日本開架潔顏乳代表性單
品。添加蘋果酸、木瓜與奇異
果萃取物等角質柔化成分，再
搭配細微柔珠，可透過潔顏時
按摩肌膚的動作，確實潔淨老
廢角質與毛孔髒汙。相當適合
油田肌族群用來對付毛孔阻塞
問題，使用起來還帶有清新的
蘋果香氣。

AHA

CLEANSING RESEARC
ウォッシュクレンジング

BCL
120g 1,000円

BCL旗下高人氣AHA潔顏乳系
列於2022年初夏所推出的新
品。同樣採用蘋果酸及木瓜萃
取物等柔化角質成分，但額外
添加維生素C，能使潔淨後的
毛孔更加緊緻，同時洗出亮白
肌，相當推薦毛孔粗大的油性
肌使用。香味方面，則是十分
清爽的柑橘果香。

ディープモイスト
深層保濕型

モイスト
混合肌型

アクネケア
痘痘肌保養型

オイルコントロール
控油型

Bioré

The Face 泡洗顏料

花王
200mL 750円

採用獨特壓頭，可輕鬆擠出濃密彈力泡泡的潔顏新品，堪稱是Bioré史上最高體感等級的潔顏泡，能在雙手不摩擦肌膚的狀態下，只靠泡泡就能確實清潔全臉。溫和無負擔的配方，就連敏弱肌或嬰幼兒都能使用。
全系列共推出4種類型，可根據自身膚質狀態選擇使用。

softymo

泡クレンジングウォッシュ（セラミド）

コーセーコスメポート
200mL 750円

在日長銷超過20年的美容潔顏系列。採溫和的胺基酸潔淨技術，搭配高鎖水能力的神經醯胺，可在潔顏同時調節肌膚的滋潤度。洗卸合一的潔顏泡，非常適合忙碌的現代人以及偏好簡化保養程序者使用。

雪肌粹

洗顏 クリーム M

コーセー
120g 700円

眾多日本藥妝迷赴日採購時，一定會到小七或伊藤洋華堂掃貨的洗面乳。添加多種和漢保濕成分與玻尿酸，再搭配可應對肌膚乾荒問題的甘草酸衍生物，不僅能潔淨毛孔髒汙及去除老廢角質，更能安撫不穩的痘痘乾荒肌。(医薬部外品)

MELANO CC

ディープクリア酵素洗顏

ロート製薬
130g 650円

同時融合酵素、維生素C以及白泥，號稱是日本的第一條酵素潔顏乳。不只擁有酵素分解毛孔髒汙的能力，還能透過白泥吸附潔淨毛孔，同時搭配維生素C潤澤肌膚，對於偏好酵素潔顏品的人來說，是一款非粉狀產品的新選擇。

肌美精

CHOI フェイスウォッシュ 薬用乾燥肌あれケア

クラシエホームプロダクツ
110g 550円

針對20世代乾燥肌與毛孔粗大問題所研發的潔顏凝露。結合藥用消炎成分與保濕成分，能在清潔滋潤肌膚的同時，安撫不穩的乾荒肌。香氛來自薰衣草及天然柑橘精油，對乾荒不穩的肌膚也不會造成刺激。(医薬部外品)

樂敦肌研
深耕玻尿酸研發近20年

PERFECT×SIMPLE
追求極完美的極簡約保養

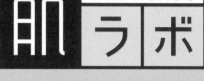

說到最具代表性的日本玻尿酸開架保養品牌，就絕對不能不提到樂敦製藥旗下的肌研系列。自2004年品牌問世以來，全系列累積銷量已突破3億瓶，堪稱日本最熱銷的玻尿酸保養品。

從一開始的玻尿酸起步，一路研究讓保水力加倍的「超級玻尿酸[1]」、可輔助讓潤澤感更持久的「吸附型玻尿酸[2]」、肌研史上體積第二小且容易滲透的「奈米玻尿酸[3]」，一直到可輔助調整肌膚防禦力的「乳酸發酵玻尿酸[4]」。一路走來，肌研始終如一，將研發重點鎖定於玻尿酸領域，

並且不斷追求更具保水滋潤效果的成分類型。

在過去近20年間，肌研極潤更發展出基礎保濕、美白、抗齡保養以及乾荒、痘痘肌等系列。不論任何肌膚困擾與保養需求，都能在肌研極潤的大家族中，找到適合自己的玻尿酸保養品。

※1 乙基玻尿酸鈉（潤澤成分）
※2 羥丙基三甲基氯化銨玻尿酸（潤澤成分）
※3 水解玻尿酸（潤澤成分）
※4 乳酸球菌／玻尿酸發酵液（潤澤成分）

HADA LABO
薬用 極潤 スキンコンディショナー

ロート製薬
170mL 838円

近年來在華人圈當中，人氣扶搖直上的極潤健康化妝水。以靈魂保水成分玻尿酸，搭配薏仁及魚腥草等多種舒緩和漢植物萃取成分，能應對肌膚不穩定的困擾，可避免痘痘、乾荒等膚況。建議將化妝棉沾滿化妝水後，輕輕擦拭肌膚，即可去除多餘的皮脂及髒汙。然後，再次取用化妝水按壓於臉部各處，以強化吸收，就能使肌膚更加保水潤澤。（医薬部外品）

※INTAGE SRI・SRI＋ 基礎化粧品5大分類（化粧水・乳液・美容液・乳霜・面膜） 自助＋薬系市場：主要系列別2007年6月～2017年5月(SRI)、2017年6月～2022年5月(SRI＋)販售個數

痘痘乾荒肌適用

連續15年支持率No.1
肌研保養化妝品系列※

安撫發炎不種肌！

提升肌膚清透感！

118

極潤家族四大人氣化粧水

HADA LABO
極潤ヒアルロン液

ロート製薬
170mL 740円

一款全家男女老少皆可使用的化妝水。以獨創的乳酸發酵玻尿酸※，結合三種分子大小不同的玻尿酸潤澤成分，可以讓肌膚充滿活力，更顯Q‧彈‧潤！

※乳酸球菌/玻尿酸發酵液（潤澤成分）

保濕型

HADA LABO
白潤プレミアム 薬用浸透美白化粧水

ロート製薬
170mL 900円

可同時給予潤澤感及淨透感的斑點對策※化妝水。以潤澤成分玻尿酸搭配美白有效成分傳明酸，以及舒緩調理有效成分甘草酸二鉀——雙重有效成分搭配玻尿酸，能確實調理被紫外線傷害後的肌膚。（医薬部外品）

※抑制黑色素生成，進而防止斑點產生。

美白型

HADA LABO
極潤薬用ハリ化粧水

ロート製薬
170mL 1,000円

極潤家族中的抗齡化妝水。添加潤澤成分三重玻尿酸與熱門有效成分菸鹼醯胺，可同時滿足調理膚紋※1以及斑點※1等抗齡保養需求，給予熟齡肌膚潤澤感，直至肌膚各處※2。質地宛如精華液般濃密，能讓肌膚顯得更加膨潤透亮。（医薬部外品）

※1 抑制黑色素生成，進而防止斑點產生。
※2 角質層

抗齡型

HADA LABO
極潤プレミアム ヒアルロン液

ロート製薬
170mL 900円

添加史上※最多七重玻尿酸潤澤成分，號稱擁有精華液等級的金緻特濃保濕精華水。質地濃密卻能快速吸收，滿滿的潤澤感，可幫助肌膚回到原本健康狀態，相當推薦膚質乾燥者使用。

※「極潤」系列

高保濕型

肌研家族新人氣注目單品 ▼▼▼▼▼▼▼▼▼

HADA LABO
極水 ハトムギ+浸透化粧水

ロート製薬
400mL 640円

潤澤成分玻尿酸搭配和漢薏仁萃取物※，以及維生素C衍生物，並且通過敏感肌貼片測試的大容量化妝水。零油分的超清爽水感質地，可著侉用於臉部及全身肌膚。包括敏弱肌在內，可用於應對乾荒以及毛孔粗大等問題。

※ 薏仁種籽萃取物

乳調理型

HADA LABO
極潤プレミアム ヒアルロンアイクリーム

ロート製薬
20g 900円

添加7種玻尿酸潤澤成分，能讓乾燥眼周肌膚持久保有滋潤感的高保濕特濃眼霜。眼霜質地濃密，但不會感覺黏膩或泛油光，可確實服貼於眼周肌膚，使眼周呈現膨潤感。

※使乾燥導致的細小紋路較不顯眼

乾燥‧細紋 ※保養

基礎保養
化妝水 乳液

clé de peau BEAUTÉ

(水)ローションイドロA　n
(乳)エマルションアンタンシヴ　n

🏠 **廠商名稱** クレ・ド・ポー　ボーテ

¥ **容量/價格** (水)170mL 11,500円 / (乳)125mL 14,000円

集結知性的技術與成分，頂級奢華保養品牌肌膚之鑰的經典柔潤化妝水及夜用修護精華乳。兩者皆添加獨家的「光采智能複合物」，能夠強化肌膚感官能力，讓肌膚自行修復及防禦外在汙染刺激。化妝水搭配大量保濕成分，能使肌膚維持光滑水潤的健康狀態，並提升肌膚本身的細緻度。精華乳則是能由內向外加強肌膚的緊緻度與彈性，同時搭配資生堂獨家的密集淨白成分4-MSK，能讓膚況顯得更加清透有活力。對於追求頂級奢華抗齡保養的人來說，絕對是不可錯過的逸品。(医薬部外品)

B.A

(水)B.Aローション
(乳)B.Aミルク

🏠 **廠商名稱** ポーラ

¥ **容量/價格** (水)120mL 20,000円
(乳) 80mL 20,000円

在日本保養品業界中，B.A堪稱是三大頂級奢華抗齡保養系列之一。自1985年問世以來，目前已經持續進化到第六世代。這次的研發重點鎖定在「終極無齡」，發現由於老化的纖維芽母細胞不年輕，所以生長出來的細胞也就愈來愈老。而POLA在研究中發現，人體細胞中含有未被完全使用的LINC00942機制，因此可利用「仙人穀迷迭香複合精華」來打開這個開關，加上升級進化的抗醣化技術以及多功能蛋白聚醣分子養護，可發揮滋潤、光澤與淨透感以及緊緻肌膚輪廓等全方位保養作用。

雪肌精 みやび

アルティメイト
(水)ローション (乳)エマルジョン

🏠 **廠商名稱** コーセー

¥ **容量/價格** (水) 200mL 10,000円
(乳) 140mL 10,000円

承襲雪肌精的和漢植物保養精神，追求極致清透感的雪肌精御雅極奧基礎保養系列。除品牌核心成分當歸、土白蘞以及金櫻子等東洋草本成分外，還採用全新升級且富含維生素C的薏仁R2萃取成分及保濕植物根萃取液。主打特色是能為肌膚注入活力，使肌膚散發出滿滿的極致清透感。

(水)ホワイトRV
ソフナー エンリッチド
(乳)ホワイトRV
エマルジョン エンリッチド

SHISEIDO

抗齡

🏠 **廠商名稱** 資生堂

¥ **容量/價格** (水)150mL 7,000円 / (乳)100mL 9,000円

集結資生堂150年抗齡科技結晶，採用獨家白金水精華，以及專利VP8抗齡配方的透亮緊緻肌保養系列。號稱只要7天就能有感，讓肌膚顯得透亮、細緻與豐潤。質地相當濃密滑順，使用後的膚觸也十分舒服，適合保養需求多樣化，但又特別講究緊緻抗齡的族群使用。(医薬部外品)

美白

HAKU

(水) アクティブメラノリリーサー
(乳) インナーメラノディフェンサー

🏠 **廠商名稱** HAKU

¥ **容量/價格** (水)120mL 4,500円
(乳)120mL 5.000円

資生堂驅黑淨白系列在品牌創立滿十週年時，針對基礎保養需求所推出的亮膚化妝水及乳液。美白成分採用資生堂獨家研發的4-MSK，再搭配保濕調理成分，兼具美白及保濕兩大保養功效。化妝水及乳液的質地都偏向濃密，不僅能讓肌膚顯得清透，還能讓膚觸更加水潤滑嫩。(医薬部外品)

保濕

雪肌精
クリアウエルネス

(水)ナチュラル ドリップ
(乳)スムージングミルク

🏠 **廠商名稱** コーセー

¥ **容量/價格** (水)200mL 3,600円
(乳)140mL 3,800円

針對肌膚乾荒與毛孔粗大問題所研發的基礎保養系列，能透過維持角質表面健康的方式，加速提升肌膚清透感。添加東洋草本萃取成分以及獨家美肌成分「ITOWA（逸透華）」，可提升肌膚的滋潤防禦力，打造出足以對抗環境壓力與乾荒問題的健康輕透美肌。

毛孔調理

(水)バランスケア ローション MB
(乳)バランスケア エマルジョン MB

🏠 廠商名稱　dプログラム

¥ 容量/價格　(水)125mL 3,400円 / (乳)100mL 3,700円

專為敏感肌所研發，著重調理油水平衡，同時還能對付粗大毛孔，實現柔嫩美肌的調理型基礎保養系列。同時搭配能夠強化角質防禦力的「複合穩定配方」，以及能夠培養美肌益生菌進而強化肌膚抵抗力的「酵母萃取益生元」。對於時常感到肌膚乾燥，但膚觸卻偏向黏膩，以及有毛孔粗大、泛紅的乾荒痘痘肌族群來說，是相當值得嘗試，溫和且有感的基礎保養系列。(医薬部外品)

毛孔調理

スパ・エ・メール
(水)ブラン コンフォール
(乳)ブラン コンフォール ミルク

🏠 廠商名稱　コーセー

¥ 容量/價格　(水)170mL 3,600円
　　　　　　　(乳)130mL 3,600円

以海洋深層水及溫泉水為基底，再搭配薏仁萃取物，是一款強化保濕與毛孔調理效果的基礎保養系列。由於添加了甘草酸二鉀與抑菌成分，因此也相當適合痘痘肌或乾荒不穩肌使用。獨特的木質調草本香氣，可讓身心更加沉穩平靜。(医薬部外品)

保濕·彈力

(水)リフトモイスト ローション SI
(乳)リフトモイスト エマルジョン SI

🏠 廠商名稱　エリクシール

¥ 容量/價格　(水)170mL 3,000円
　　　　　　　(乳)130mL 3,500円

運用資生堂長達39年膠原蛋白研究成果，耗費大約3年時間所研發出的全新抗齡保養系列。承襲「水玉光」品牌核心概念，除了添加「M-BOUNCER CP」複合成分，能讓肌膚更加膨潤有光澤之外，還搭配「DEEP MOIST IN CP」，使滋潤成分能深入滲透至肌膚角質層。不論是化妝水或乳液，都有「清爽型」、「滑順型」、「濃密型」等3種不同類型可供選擇。(医薬部外品)

保濕

ハイドレーティング ローション ［モイスチャー］ ナリッシング エマルジョン ［モイスチャー］

do natural

🏠 廠商名稱	ジャパン・オーガニック
¥ 容量/價格	(水) 150mL 2,200円 / (乳) 115mL 2,400円

90%成分均來自天然素材的植萃保養系列。採萃取自稻米的葡萄糖基神經醯胺、水前寺藍藻萃取物以及玻尿酸等保濕成分，包括敏弱肌在內，不管任何膚質皆可使用。在香味方面也相當講究，添加100%天竺葵、薰衣草及迷迭香天然精油，在保養肌膚的同時，也能感受到精油香氛的療癒效果。

美白

敏弱肌

(化妝水)ブライト ローション (保濕液)ブライト モイスチャー

ORBIS

🏠 廠商名稱	オルビス
¥ 容量/價格	(化妝水)180mL 1,800円 (保濕液) 50mL 2,000円

結合高壓處理維生素C、油溶性甘草精華以及風鈴木樹皮精華等成分，開發出獨家「全方位澄白VC成分」的亮白基礎保養系列。化妝水能快速滲透，注入輕盈水感，使肌膚整體充滿清透光澤。保濕液則是能在肌膚表面形成保水膜，牢牢鎖住肌膚的潤澤感。(医薬部外品)

(水)薬用クリアローション (乳)薬用クリアエマルジョン

IHADA

🏠 廠商名稱	資生堂薬品
¥ 容量/價格	(水)180mL 1,800円 (乳)135mL 1,900円

採用高精製凡士林，能在肌膚表面形成潤澤屏障層，以保護肌膚不受乾燥等外在環境刺激的敏弱肌專用基礎保養系列。不只能對付肌膚乾荒問題，新的美白版本更添加資生堂獨家的m-傳明酸，能發揮優秀的亮白保養力，是同時兼具亮白、預防乾荒以及抗痘等三大機能的基礎保養系列。(医薬部外品)

MINON AminoMoist
(水)薬用アクネケアローション
(乳)薬用アクネケアミルク

敏弱肌

🏠 **廠商名稱** 第一三共ヘルスケア

¥ **容量/價格** (水)150mL 1,900円 / (乳)100g 2,000円

專為敏弱混合肌所研發的滑嫩滋潤保養系列。添加9種保潤胺基酸，搭配整肌胺基酸與染井吉野櫻萃取物，溫和低刺激配方，能同時應對混合肌所特有的局部乾燥、局部皮脂又分泌過剩的肌膚困擾。質地清爽，使用後肌膚不黏不膩。

敏弱肌

カルテHD
(水)モイスチュア ローション
(乳)モイスチュア エマルジョン

Carté

🏠 **廠商名稱** コーセー

¥ **容量/價格** (水)150mL 1,800円
(乳)120mL 1,800円

專為乾荒肌所研發的高保濕基礎保養系列。採用能提升肌膚滋潤度的類肝素物質HD，搭配可安撫乾荒肌的甘草酸鉀，以及無酒精、無香料的低刺激配方，對於肌膚總是處於乾荒狀態的不穩肌來說，是相當值得一試的高保濕系列。(医薬部外品)

保濕

ももぷり
潤いバリア化粧水M
潤いバリア乳液

momopuri

🏠 **廠商名稱** BCL

¥ **容量/價格** (水)200mL 900円
(乳)150mL 900円

主打調理肌膚潤澤環境，能讓肌膚每天維持良好狀態的水潤桃肌保養系列。包括萃取自日本國產蜜桃的神經醯胺在內，共添加3種鎖水表現優異的神經醯胺，同時還搭配能讓肌膚充滿彈性的乳酸菌「EC-12」。添加胺基酸，整體保濕及滲透力表現出色，能讓肌膚由內而外散發出充滿水嫩的滋潤感。

DR.CI:LABO®　　　**抗齡**

VC100エッセンスローションEX スペシャル

ドクターシーラボ®
285mL 10,400円

VC100維生素C化妝水的升級強化版。不只是高濃度維生素C，還搭配次世代胎盤素以及高滲透玻尿酸。無論是美容成分或使用感，都可以和精華液相比擬。質地濃密好推，肌膚滲透力表現也令人驚艷，非常適合想要滿足保濕需求同時調理毛孔與膚紋狀態的人。

LISSAGE　　　**抗齡**

スキンメインテナイザー DX

カネボウ化粧品
180mL 10,000円

堪稱佳麗寶膠原蛋白研究結晶的LISSAGE精華化妝水。在2022年初夏，採用原有獨家膠原蛋白複方成分，以及時下熱門的撫紋成分菸鹼醯胺，推出了這款金色的抗齡版本。只要輕輕按壓噴嘴，就能方便擠出所需的用量。調香方面，則是傳承系列特有的天然草本精油香。(医薬部外品)

DECORTÉ　　　**保濕**

リポソーム トリートメント リキッド

コーセー
170mL 10,000円

採用黛珂保濕美容液的多重層微脂囊體技術，將美肌成分包覆在超微粒囊體中，並持續釋放美容成分的保濕化妝水。質地清爽卻具有不錯的保濕力，也能提升肌膚整體潤澤度，是一瓶各年齡層皆適用的抗齡型產品。

雪肌精　　　**保濕**

薬用 雪肌精

コーセー
360mL 7,500円

長銷37年，堪稱日本藥妝界的代表性化妝水之一，不只是雪肌精品牌的核心與起點，更是KOSÉ最重要的鎮店之寶。添加3種具備淨白與保濕作用的東洋草本萃取液，除了當成化妝水使用外，也很適合搭配化妝棉進行濕敷保養。(医薬部外品)

ONE BY KOSÉ　　　**毛孔調理**

バランシング チューナー

コーセー
120mL 4,500円

添加「精米效能萃取液No.6」，成分與使用感都媲美精華液等級，可抑制皮脂過度分泌的抗油光化妝水。質地相當輕透，能直接作用於皮脂腺，同時發揮優秀的保濕力，相當適合用來調理因水失衡所造成的油田肌。(医薬部外品)

IPSA　　　**保濕**

ザ・タイムR　アクア

イプサ
200mL 4,000円

瓶身設計吸睛，在華語圈人氣居高不墜的經典化妝水「IPSA流金水」。添加獨家保濕成分Aqua Presenter III，能在肌膚表面形成一道鎖水層，即使質地清爽如水，也能發揮優秀的保濕補水力。(医薬部外品)

AYURA 保濕

リズムコンセントレートウォーター

アユーラ
300mL 4,000円

添加8種有效成分的保濕型化妝水，能調理、潤澤、修復承受各種日常壓力的乾荒肌。搭配AYURA拿手的東方調香氛，使用時身心也能同步感到放鬆。容量多達300毫升，以中價位品牌來說，CP值相當高。

ORBIS U 抗齡

ドット ローション

オルビス
180mL 3,300円

可同時應對斑點、暗沉、張不足以及膚質乾硬等保養困的ORBIS頂級抗齡保養化水。獨特的SC高效浸透技術能讓美肌成分均勻散布到全各角落，散發出健康光澤，在肌膚表面形成潤澤保濕膜打造出明亮、飽滿且柔嫩的齡美肌。（医薬部外品）

雪肌精 清潔

クリア トリートメント エッセンス

コーセー
140mL 2,300円

在洗完臉後搭配化妝棉擦拭，即可輕鬆揮別老廢角質的去角質凝露。添加多種東洋草本萃取成分，可軟化老廢角質，讓擦拭後的肌膚一掃暗沉，並提升後續保養效果，膚觸也會變得滑嫩細緻。

FERZEA PREMIUM 保濕

薬用泡の化粧水

ライオン
80g 1,680円

超熱賣的乾燥肌專用泡泡狀妝水，在日本甫上市便引爆題。除保濕成分外，還添濕力優秀的類肝素以及抗發成分甘草酸鉀。獨特的泡泡質地，可在臉部肌膚上滑順推展開來，不會對不穩的乾肌造成刺激。（医薬部外品）

ORBIS 毛孔調理

クリアフル ローション

オルビス
180mL 1,500円

添加獨家奈米VC微膠囊，以及5種和漢成分與膠原蛋白的痘痘肌對策化妝水。可提升肌膚防禦機能並調理毛孔，對於長時間戴口罩、壓力大或是油水失衡所引起的痘痘肌，都相當推薦使用這款調理型化妝水。（医薬部外品）

MELANO CC 美白

薬用しみ対策 美白化粧

ロート製薬
170mL 900円

主成分為高滲透維生素C的斑對策化妝水。因為搭配抗炎成分，所以也很適合拿來撫日曬後不穩肌以及痘痘乾肌。質地略帶稠度，使用起膚觸相當滑順。推薦搭配化棉使用，濕敷於想要強化保的部位。（医薬部外品）

基礎保養
乳霜

DECORTÉ

リポソーム アドバンスト リペアクリーム

🏠 **廠商名稱** コーセー

¥ **容量/價格** 50g 10,000円

2022年9月改版升級，採用夜間多重層微脂囊體技術，讓大小介於0.1～0.4微米間的超細微囊體在進入角質層後，能長時間釋放出美肌成分。質地濃密的乳霜，能讓肌膚顯得更有潤澤感與張力。即使睡眠不足，肌膚狀態依然像是多睡了3小時般活力滿滿。

d program

スキンリペアクリーム

🏠 **廠商名稱** dプログラム

¥ **容量/價格** 45g 3,600円

專為敏感乾荒肌所研發，能改善泛紅及粗糙問題的保濕修復霜。同時添加傳明酸及甘草酸鉀等兩種抗乾荒成分，強效密封鎖水，質地清爽不黏膩，即使是乾荒不穩的肌膚，也能轉變成膚觸滑順的健康美肌。對於膚況總是反覆乾荒的敏感肌族群來說，是一瓶最適合用來打造滑嫩肌的乳霜。（医藥部外品）

GRACE ONE

WRINKLE CARE
ホワイト モイストジェルクリーム

🏠 **廠商名稱** コーセーコスメポート

¥ **容量/價格** 100g 3,200円

可同時滿足撫紋及亮白保養需求的熟齡肌專用全效凝露。主要撫紋成分是當今熱門的菸鹼醯胺，並搭配雙重維生素C衍生物及多種保濕潤澤成分。質地相當水潤濃密卻不厚重，帶有令人感到放鬆的淡雅花香。（医藥部外品）

特殊保養
精華液

導入
精華

ジェリー アクアリスタ

富士フイルム
40g 9,000円

富士軟片運用奈米化研究技術所研發，可說是記憶凝凍保養品的先驅。以奈米化技術，將兩種人型神經醯胺、蝦紅素及茄紅素等保濕抗氧化成分融合在一起，只要在洗完臉後的第一道保養程序使用，便能有效提升後續保養效果。

IPSA

セラム 0 e

イプサ
50mL 10,000円

針對肌膚乾燥、毛孔粗大以及痘痘等多種困擾所研發，可提升肌膚清透感與柔嫩感的前導精華液。質地相當滑順，可搭配淋巴按摩手法，讓肌膚及臉部線條顯得更加緊緻。（医薬部外品）

SOFINA iP

ベースケア セラム
（土台美容液）

花王
90g 5,000円

連續5年奪下美妝榜冠軍，可說是日本最熱賣且具指標性的高濃度碳酸精華液。在滑順綿密的精華液當中，充滿2000萬個可深入肌膚角質層的細微碳酸泡，不僅能潤澤肌膚，為後續保養打底，更能讓肌膚循環活化，氣色更上一層樓。

DR.CI:LABO®

アクアインダーム
導入エッセンスEX

ドクターシーラボ®
50mL 5,500円

來自日本醫美保養品牌的導入精華液。採用獨家奈米超滲透技術，號稱效果媲美導入儀，能讓細微精華成分滲透至肌膚深層。搭配修復機能成分與抗齡成分，在洗完臉後，只要簡單一個步驟，就能同時滿足多種保養需求。

DEW

キャビアドットブースター

カネボウ化粧品
40mL 4,000円

瓶身設計宛如時尚指彩般可愛的導入精華液。在凝露狀的精華液當中，有許多包覆玻尿酸的晶球，在接觸肌膚瞬間就會化為清爽的水狀，並且迅速滲透至角質層，讓肌膚由內而外呈現出彈潤感。在接著使用化妝水時更能讓化妝水均勻滲透肌膚，就像飽了水一樣舒服。

特殊保養
精華液

保濕
精華

ル・セラム

クレ・ド・ポー　ボーテ
50mL 25,000円

能瞬間滲透肌膚，使膚觸呈現絲綢般柔滑的肌膚之鑰精萃光采激光精露。同時融合紅、棕、綠3種海藻複合物，能活化肌膚再生力，讓肌膚更添活力與光采。分類上屬於前導精華，在使用過後，能明顯感受到肌膚呈現飽水Q彈狀態，肌膚紋理也會因此更加細緻，並且提升後續保養的吸收效率。利用珍稀蘭花與玫瑰，調合出清新優雅的奢華香調，更顯氣質獨具。（医薬部外品）

DECORTÉ
リポソーム アドバンスト リペアセラム

コーセー
50mL 11,000円

全新升級改版的黛珂保濕美容液，其多重層微脂囊體更加細緻，在每一滴美容液當中，就含有1兆個直徑0.1微米的磷脂質膠裝微粒囊體。當深入肌膚角質層後，這些多重層微脂囊體就會從外層慢慢釋放出美肌成分，不僅能發揮優秀的保濕力，也能讓肌膚顯得更加膨潤充滿張力。

SHISEIDO
アルティミューン パワライジング コンセントレートⅢ

資生堂
50mL 12,000円

瓶身設計富流暢曲線感的「紅妍超導循環肌活露」，可說是資生堂旗下最具代表性、人氣指數爆表的保濕抗齡精華。添加資生堂獨創的「The Lifeblood™超導循環技術」，可透過改善肌循環的方式，提升肌膚的健康、彈嫩與透亮度。質地濃密，使用起來卻相當輕透，號稱只要使用3天，就能有感打造出充滿活力光澤的健康美肌。

DHC
GEパワーセラム

DHC
30mL 8,200円

主成分是富含於高麗人蔘當中的高濃度有機鍺，再搭配多種美肌成分的抗齡保濕精華。質地清爽好吸收，適合肌膚略顯蠟黃以及彈力、膨潤度不足的族群，可為疲憊的肌膚喚醒活力。

AYURA
リズムコンセントレートα

アユーラ
40mL 8,000円

採用珍稀抗壓成分「日本金松萃取物」，能幫助因壓力而受損的肌膚，重新找回原有的調節規律性和健康度。此外，亦搭配多種具修復、強化防禦以及保濕潤澤成分，當然還有AYURA最令人印象深刻、可療癒身心的東方香調，使用感十分紓壓。

ONE BY KOSÉ
セラムヴェール

コーセー
60mL 5,000円

日本保養界僅此一瓶，採用KOSÉ拿手保濕成分「精米效能淬取液No.11」的米微導保濕精萃，可針對因神經醯胺不足所引發的乾燥問題，改善肌膚保水機能，提升潤澤密度，調理出健康有活力的肌膚。獨特的高滲透配方，可深入角質層柔化肌膚，提升後續保養效率，推薦於保養的第一道程序使用。(医薬部外品)

DHC
スーパーコラーゲン スプリーム

DHC
100mL 4,600円

採用獨家超級胜肽，能強化肌膚吸收力的高純度保濕精華液。超級胜肽濃度為DHC史上最高的294倍，號稱能深入肌底發揮保濕作用。即使質地如化妝水般清爽，但保濕力表現卻令人大感驚艷。

ELIXIR
デザインタイム セラム

エリクシールシュペリエル
40mL 4,500円

採用對抗肌膚初老關鍵成分「時控護複合精華Fill up CP」，能夠實現度角側臉完美膨彈亮水玉光的保濕齡精華。質地輕透，可持續滲透至膚底層，有效拉提肌膚，對抗鬆弛題，並提升肌膚的緊緻度與清透感。

DHC

オリーブバージンオイル

DHC
30mL 3,620円

DHC品牌創立時的第一號保養品，也是DHC最具代表性的經典商品。採用富含油酸、維生素A、E之有機橄欖所榨取的100%橄欖精華油，至今已熱賣超過7000萬瓶。只要一滴，就能在肌膚上形成保護膜，幫助肌膚抵禦乾燥傷害。

DEW

アフターグロウドロップ

カネボウ化粧品
170mL 3,500円

號稱能讓肌膚陶醉於濃密玻尿酸擁抱的精華化妝水。濃密到會牽絲的質地，能在迅速滲透肌膚角質的同時，於肌膚表面形成一道服貼保水層，發揮長時間的滋潤力。由於質地濃密服貼於皮溝與皮丘，使用後的皮膚能散發出健康且自然的光澤感。

do natural

インテンシブ エッセンス [モイスチャー]

ジャパン・オーガニック
40mL 2,600円

質地偏向濃密的保濕精華液，運用葡糖基神經醯胺的角質防禦力，搭配多種天然保濕成分，適合所有膚質用來提升肌膚滋潤度與彈性。採用100%天竺葵、薰衣草及迷迭香精華，調和出令人忍不住想深呼吸的療癒草木香。

ORBIS

クリアフルスムース エッセンス

オルビス
25mL 2,500円

適用於保養第一步，可調理角質及毛孔狀態的前導精華液。在化妝水前使用，可透過和漢淨肌成分來調理角質，使處於僵硬狀態下的肌膚因為放鬆而變得柔軟，如此一來，就能讓化妝水更容易滲透並滋潤肌膚。（医薬部外品）

肌美精

大人のニキビ対策 薬用クリアスポッツ美容液

クラシエホームプロダクツ
15g 1,150円

專為因乾燥而反覆發生的成人痘所研發，適合直接塗抹於痘痘處的薬用精華凝露。不但添加多種保濕美肌成分，更搭配高純度維生素C美白成分與甘草酸二鉀消炎成分，能用來安撫紅腫的不穩痘痘肌。（医薬部外品）

特殊保養
精華液

美白
精華

DECORTÉ

ホワイトロジスト ブライト コンセントレイト

コーセー
40mL 15,000円

於2020年推出系列第六代的黛珂美白精華液。採用麴酸和獨家亮白複合成分，可在難纏的黑色素形成之前，就深入肌膚底層，針對黑色素核心發揮作用。不只是美白，保濕表現也可圈可點，能讓肌膚顯得更加順潤清透。(医薬部外品)

IPSA

ホワイトプロセス エッセンス OP

イプサ
50mL 12,000円

質地相當清爽的美白精華液，主成分為m-傳明酸以及4MSK，可抑制角質白濁化，並調節黑色素分布均勻度，藉此讓肌膚顯得更加清透明亮。(医薬部外品)

HAKU

メラノフォーカスZ

HAKU
45g 10,000円

誕生自超越100年的肌膚研究及最尖端的黑斑預防之HAKU最高傑作。前所未有的美白保養，能調理導致黑斑生成的肌膚根本原因，並抑止黑色素的連鎖生成反應，打造出水嫩澄淨、彷彿初生般透亮的肌膚。(医薬部外品)

Obagi

C25 セラムネオ

ロート製薬
12mL 10,000円

樂敦製藥耗費15年時間，挑戰技術極限下的研究結晶。這瓶日本藥妝店中相當罕見，維生素C濃度高達25%的精華液，可同時應對毛孔粗大、暗沉、鬆弛、膚紋紊亂以及乾燥所引起的細紋等問題，可說是功能性相當全面的保養精華。(医薬部外品)

AYURA

ホワイトコンセントレート

アユーラ
40mL 8,500円

添加美白成分傳明酸與消炎成分甘酸鉀，可安撫日曬後處於不穩狀態的肌膚。搭配多種滋潤型植萃成分可讓肌膚更加清透明亮。以迷迭香檸檬精油調和而成的草本調香氛令人感到愉悅且放鬆。(医薬部外品)

ホワイトニングエッセンスEXⅡ

第一三共ヘルスケア
50g 6,300円

堪稱日本藥妝開架保養品牌中「傳明酸美白精華液」的代表性單品。可同時實現美白、清透、保濕及毛孔調理等保養需求。滲透力表現頗為優秀，質地略為濃密卻不厚重，即使夏天使用也不會有負擔。（医薬部外品）

ASTALIFT

エッセンス インフィルト

富士フイルム
30mL 7,000円

活用奈米化技術，能鎖定黑斑形成的根源，讓美白及保濕成分確實發揮作用。尤其是奈米AMA與奈米化蝦青素等抗氧化保濕成分，更是這瓶美白精華的最大賣點。質地輕透、保濕表現優秀，即使夏天使用也不會感覺黏膩，而且還帶有淡雅的玫瑰香氣。

雪肌精
みやび

サイクレイター B

コーセー
50mL 6,000円

可同時美白與美肌的系列高人氣美白前導精華液。在2021年初夏的升級改版中，除承襲原先的美白與和漢保濕成分之外，更特別添加美肌菌來喚醒肌膚的清透力，藉此打造出具有明亮感的清透美肌。洗完臉後，可擠一下塗抹於全臉，也可以擠2～3下用以仔細按摩全臉。（医薬部外品）

SOFINA iP

ブライトニング美容液

花王
40g 5,800円

能在黑色素形成或增加之前，搶先一步加以阻斷的美白精華液。採用花王獨家美白成分洋甘菊ET，搭配可提升肌膚潤澤度與清透感的美肌成分所打造而成。質地濃密，但滲透力表現優秀，所以使用後完全沒有討厭的黏膩感。（医薬部外品）

DR.CI:LABO®

スーパーホワイト377VC

ドクターシーラボ®
18g 5,200円

SUPER WHITE 377VC美白精華可說是DR.CI:LABO的美白明星商品。其獨家美白成分WHITE377的亮白效果，號稱是維生素C的2,400倍之多。除此之外，更搭配獨特的複合成分「AG3」，可針對肌膚的醣化蠟黃問題發揮美白作用。

肌美精

ターニングケア美白
薬用美白美容液

クラシエホームプロダクツ
30mL 1,300円

質地澄澈清爽，滲透力表現佳的薬用美白精華液。同時添加了高純度維生素C與傳明酸這兩種熱門美白成分，再搭配多種專為東方人膚質所研發的和漢保濕成分，可同時兼具美白效果及安撫乾燥不穩肌。（医薬部外品）

MELANO CC

薬用しみ集中対策
プレミアム美容液

ロート製薬
20mL 1,480円

以活性型維生素C美白成分搭配3種具保濕作用的維生素C衍生物，可同時滿足斑點與痘痘肌保養需求的集中保養精華液。採用樂敦獨家滲透配方，能集中深入角質深處、直擊黑斑源頭。質地相當濃密，建議在每晚睡前，塗抹4～5滴於斑點或痘炎肌部位。（医薬部外品）

ONE BY KOSÉ

メラノショット ホワイト D

コーセー
40mL 5,300円

自2018年上市以來，就成為美妝榜勝軍，也是日本KOSÉ單年度最暢銷美白精華液。以麴酸為中心的獨家透美白配方，能直擊產生黑色素的胞，使其停留在無色階段，發揮優的亮白保養作用。搭配保濕及抗氧成分，是輕熟齡肌以上的美白精華選擇。（医薬部外品）

SOFINA iP

ブライトニング美容スティック

花王
3.7g 4,300円

將SOFINA美白精華液的獨家美白成分洋甘菊ET以及美肌成分濃縮成棒狀，同樣添加了抗乾荒與抗發炎成分，相當適合於日曬後針對在意的肌膚部位進行加強保養。（医薬部外品）

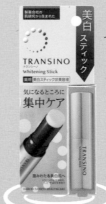

TRANSINO

ホワイトニングスティック

第一三共ヘルスケア
5.3g 3,500円

以傳明酸為主成分的美白棒。搭配種保濕、清透、抗暗沉以及修復分，能針對臉部斑點或是因過敏起的暗沉部位，甚至是3C藍光所引之色素沉澱部位進行集中加強保養建議在化妝水之後、乳液或乳霜之使用。（医薬部外品）

特殊保養
精華液

抗齡
精華

清萃高效維生素A

clé de peau BEAUTÉ
セラムリッサーリッズS

クレ・ド・ポー　ボーテ
20g 30,000円

融合獨家穩定配方的視黃醇以及肌膚之鑰先進研究結晶的抗皺逆齡菁萃。臨床證實能有效撫紋，號稱只要連續使用4週，臉部細紋的數量、長度與深度都會有所不同，甚至許多人在使用隔天便立即有感，因此在頂級抗齡保養圈當中，一直是凍結時光與逆齡保養精華液的代表性產品。（医薬部外品）

奈米蝦青素CP+

ASTALIFT
イン・フォーカス
セルアクティブセラム

富士フイルム
30mL 12,000円

富士軟片集結奈米科技研究結晶，添加高濃度保濕成分與獨家抗氧化成分奈米蝦青素CP+，堪稱品牌顛峰之作的抗齡精華液。質地呈凝露狀，可在接觸肌膚的瞬間化為液態並迅速滲透。以香檸檬為香氛基底，搭配玫瑰、茉莉與麝香，可隨時間推移體驗到不同的香氛感受。

DR.CI:LABO®
4Dボトリウム
エンリッチリフトセラム

類肉毒桿菌素

ドクターシーラボ®
18g 9,000円

在日本保養品界中，是少數以醫美概念開發，主打撫紋體感明顯的抗齡精華。採用7種類肉毒桿菌素成分所打造，濃度更是高達55％。在最新一次的改版中，還增加兩種全新緊緻保養成分，讓整體撫紋抗齡保養體感更升級。

ASTALIFT
ザ セラム
マルチチューン

菸鹼醯胺

富士フイルム
40mL 7,000円

ASTALIFT於品牌誕生15週年所推出的高機能精華液。活用過去將蝦青素奈米化的技術，研發出獨特的滲透型微脂體，能幫助咖啡因以及維生素C衍生物等美肌成分更深入肌膚裡層。同時搭配菸鹼醯胺，是一瓶可同步滿足撫紋、美白及提升膨潤感的多功能抗齡精華液。（医薬部外品）

特殊保養
撫紋霜

NEI-L1

リンクルショット
メディカル セラム

ポーラ
20g 13,500円

POLA耗費14年時間研發,於2016年所推出成為首支日本國家認證撫紋霜。在最近一次的升級改版中,除POLA獨家開發的主成分NEI-L1之外,還添加能夠柔軟肌膚角質層的獨創複合成分「止歇精華」,以及多種能增添肌膚彈性與滋潤感的美容成分。由於效果顯著有感,即使要價不菲,還是有相當多的愛用粉絲。(医薬部外品)

IPSA 高純度維生素A

ターゲットエフェクト
アドバンスト G

イプサ
23g 13,000円

融合獨家複合保濕成分Deep G Target以及抗發炎成分甘草酸二鉀,可同時滿足撫紋、保濕與安撫不穩乾荒肌等多種保養需求。(医薬部外品)

LISSAGE 菸鹼醯胺

リンクルシューター

カネボウ化粧品
20g 8,000円

運用30年以上膠原蛋白研究成果所打造的撫紋霜,添加獨特膠原蛋白護理成分與HA潤澤拉提成分,再搭配菸鹼醯胺抗齡成分,能有效調理肌膚紋路,延緩歲月痕跡。由於額外添加了3種潤澤美容油,所以使用後還能讓肌膚呈現出健康的光澤感。(医薬部外品)

SHISEIDO 高純度維生素A

バイタルパーフェクション
リンクルリフト
ディープレチノホワイト5

資生堂
20g 13,400円

集結資生堂32年的抗皺研究結晶,以高純度維生素A為基礎,搭配4MSK與m-傳明酸等美白成分,以及2種抗乾荒成分,打造出同時具有抗皺、美白、潤澤及安撫等多項機能的美白抗皺霜。質地濃密,能讓肌膚顯得更加緊緻明亮,非常適合用來對付嘴角及眼周等部位的小細紋。(医薬部外品)

DECORTÉ 菸鹼醯胺

アイピー ショット
プルリポテント ユース
コンセントレイト

コーセー
20g 10,000円

在2022年春季這波改版中,黛珂iP.Shot全效漾活精粹同時添加了撫紋成分菸鹼醯胺及美白成分傳明酸,可兼顧抗齡及亮白兩大保養需求。在與化妝水混合後,就會變成濃密的膏狀,可緊密服貼於肌膚每個角落,持續將美肌成分滲透至肌膚當中。(医薬部外品)

ONE
BY KOSÉ 菸鹼醯胺

ザ リンクレス S

コーセー
20g 5,800円

日本高絲所推出的藥・美妝店版撫紋霜。主成分是兼具抗齡及美白作用的菸鹼醯胺,可同時針對表皮乾燥無張力、真皮缺乏彈力的問題,同時發揮速效保養效果。(医薬部外品)

ELIXIR

高純度維生素A

エンリッチド
リンクルクリーム S

エリクシールシュペリエル
15g 5,800円

主成分為高純度維生素A，搭配獨家膠原蛋白GL彈潤成分的抗齡撫紋霜。由於高純度維生素A容易因氧化而變質，所以資生堂特別採用能夠防止氧氣進入瓶身的特殊容器，讓最後一滴撫紋精華都能發揮原有的優秀撫紋力。（医薬部外品）

WRINKLE WHITE

菸鹼醯胺

リンクルホワイト
エッセンス

オルビス
30g 4,500円

採用ORBIS獨家研發的W菸鹼醯胺，可同時滿足撫紋、亮白及緊緻毛孔等三大保養需求的全能盈白精華霜。質地輕盈好推展，相當適合塗抹於全臉，一次解決不同部位的多種煩惱。滋潤度表現不俗，質地卻非常清爽，就連夏季使用也不會感覺黏膩厚重。（医薬部外品）

ASTALIFT

菸鹼醯胺

ザ セラム リンクルリペア

富士フイルム
（朝用）5g 3,900円
（夜用）18g 3,900円

專為臉部細紋保養所研發的日夜24小時撫紋精華組。除熱門撫紋成分菸鹼醯胺之外，還添加滲透型微脂體包覆維生素B6與維生素C等美肌成分，可同時應對美白與撫紋兩大保養需求。香調是以玫瑰為基底，調和依蘭依蘭及鈴蘭而成的清新花香。（医薬部外品）

可簡單塗抹於保養部位的精華棒，還帶有SPF20‧PA++的防曬係數，相當適合早上趕著出門的人使用。

質地濃密，能服貼包覆細紋部位，適合在夜間用來接力保養那些令人惱意的小細紋。

DHC

維生素A醇

薬用レチノA
エッセンス

DHC
5g×3條 3,600円

自DHC創立初期熱賣至今，主成分為時下火紅撫紋聖品A醇的抗齡精華。同時搭配防乾荒與美白成分，也可以用來應對日曬後的不穩肌問題。質地濃密但好推展，為了防止A醇受紫外線照射或氧化變質，特別採用小容量的鋁製軟管包裝。

肌美精 Premier

菸鹼醯胺

薬用クリーム

クラシエホームプロダクツ
30g 2,200円

搭配多種保濕豐潤以及能讓膚紋更加細緻的東方美肌成分，是撫紋霜市場上少數主攻藥妝店的平價版單品。（医薬部外品）

LuLuLun

　　誕生於2011年，累計熱銷超過16億片的LuLuLun，在華人圈可說是無人不知的面膜品牌，在日本更是開創每日保養面膜的領頭羊，大大改變了日本人使用面膜的習慣。在日本，一般藥妝店和美妝店，都能發現可以解決各種肌膚保養需求的LuLuLun面膜。不過，當你到了北海道、京都及沖繩等地，更能看見貼近當地文化或物產特色的地區限定版本。如此多變、選擇多樣的LuLuLun面膜，不只是自己保養用，也很適合送給親朋好友做為伴手禮，因此成為訪日觀光客必掃的保養單品。

　　在LuLuLun的眾多面膜當中，「地區限定面膜系列」別具巧思——南自沖繩，北至北海道，採用各地最具代表性的美容素材及背景故事，推出了近30款不同主題的面膜，成為許多人前往日本各地旅遊時必敗的美容伴手禮。

LuLuLun

旅するLuLuLun
縁結びルルルン（牡丹の香り）

グライド・エンタープライズ
7片×5包 1,600円

結緣聖地伴手禮　典雅牡丹香　無垢美肌

2022年9月最新推出的地區限定款面膜。這次LuLuLun要帶大家來到日本最強結緣聖地——島根縣出雲，採用當地所盛產的牡丹、薏仁與紅玫瑰等素材萃取物為主要美肌成分，推出這款帶有牡丹香氣的面膜新品。包裝設計概念源於日本傳統婚禮上新娘所穿著的「白無垢」，頭上裝飾的花朵則是出雲最著名的「結緣牡丹」，象徵純白無瑕的幸福與美感，典雅和風設計最能吸引目光焦點。以伴手禮來說，是一款顏值相當高的好選擇。

採用超厚蓬鬆的面膜布，不僅服貼感十足，面膜中所飽含的美容成分也大幅提升，能幫助滲透皮膚直達角質層——這就是用敷的化妝水！

LuLuLun
每天都能清爽敷的保養級面膜

LuLuLun
LuLuLun
Pure白(クリア)

グライド・エンタープライズ
7片 450円

主要美容成分為維生素C衍生物及維生素A醇棕櫚酸酯,可在調理毛孔粗大與痘痘肌問題的同時,讓肌膚顯得亮白彈潤。

面膜採用Active Delivery System技術,可精準偵測肌膚乾荒部位釋放美容成分。使用感清爽不黏膩,適合在日曬後用來鎮靜肌膚,同時也

推薦給容易長痘痘的油性膚質者使用。

獨特三層結構面膜紙,伸縮性佳,使用起來相當服貼。吸飽美容成分的面膜紙,可大幅提升保養效率。沁涼的滋潤感,在保濕、亮白的同時,也能改善膚色不均與暗沉。

每日亮白型面膜
質地清爽
彈潤亮白
無酒精無香料

LuLuLun
藥用LuLuLun
美白アクネ

グライド・エンタープライズ
21mL×4片 1,400円

集中保養型面膜
薬用美白
痘痘肌
清透美肌

這款痘痘肌美白面膜,開發概念來自於「用敷的肌膚保健品」,設計成藥袋的包裝也極具巧思。

以美白成分傳明酸搭配消炎成分甘草酸鉀,可在發揮亮白效果的同時,安撫因長痘痘而處於不穩

狀態下的肌膚,是一款市面上比較少見,可兼顧美白和痘痘肌保養的集中保養型面膜。(医薬部外品)

特殊保養
面膜

REVITAL

レチノサイエンス
フェイシャルマスク

リバイタル
18mL×6片／4,900円

添加抗皺成分高純度維生素A及多種保濕美肌成分的光傷害抗齡面膜。面膜布本身符合亞洲人臉部線條，能緊密貼合皺紋凹凸部位，適合針對眼周、唇周以及額頭等部位，進行集中調理膚況與皺紋等問題。在抗皺以及抗鬆弛保養需求的面膜品項當中，可說是一款相當有感的新選擇。（医薬部外品）

肌美精 Premier

薬用3Dマスク

クラシエホームプロダクツ
30mL×3片 1,000円

日本3D面膜代表品牌肌美精所推出的奢華抗齡面膜。採用熱門撫紋成分菸鹼醯胺，再搭配玻尿酸與神經醯胺等保濕鎖水成分，讓容易乾燥的肌膚也能喝飽水。獨家的高服貼3D面膜布，能完整服貼於眼角、嘴角與眉間等容易形成細紋的部位。（医薬部外品）

TRANSINO

ホワイトニング
フェイシャルマスクEX

第一三共ヘルスケア
20mL×4片 1,800円

來自製藥公司美白保養品牌，日本藥妝店熱銷款的美白面膜。採用美白成分傳明酸以及多種保濕與抗發炎成分，適合用來安撫受紫外線傷害後不穩定及乾燥的肌膚。面膜布質地偏厚，服貼度表現也不錯。（医薬部外品）

MINON AminoMoist

MINON AminoMoist
ぷるぷるしっとり肌マスク

第一三共ヘルスケア
22mL×4片 1,200円

說到日本藥妝店的胺基酸保濕面膜，就不能不提及這款超級經典的熱門單品。成分中融合了多種胺基酸，獨特的凝凍狀美容液敷起來不易蒸發，而且帶有一股舒服的沁涼鎮靜感。面膜布採用極為服貼的素材，能讓美容成分牢牢吸附並持續滲透。

MINON AminoMoist

MINON AminoMoist
すべすべしっとり肌マスク

第一三共ヘルスケア
22mL×4片 1,200円

適合敏弱型混合肌使用的滑嫩潤澤保養面膜。面膜布特別強化細微部位剪裁，連皮脂分泌旺盛的鼻翼與容易因乾燥而冒成人痘的下巴等部位，都能夠被完整包覆，也很適合混合肌問題較為常見的男性使用。

肌美精

大人のニキビ対策
薬用集中保湿＆美白マスク

クラシエホームプロダクツ
17.1mL×7片 1,150円

添加高純度維生素C，強化消炎、柔膚以及保濕成分的抗痘美白面膜，專為乾燥引起的成人痘問題所研發。面膜布剪裁偏大，可完整包覆至經常出現成人痘的下巴部位。不僅能用於調理與打造不易出現痘痘的膚質，對於已形成的痘痘也具有安撫作用。（医薬部外品）

Saborino

目ざまシート

BCL
32片 1,300円

累積熱銷超過7億片，獲得100冠獎項，堪稱日本早安面膜始祖的經典款。當匆忙沒時間仔細保養時，只要敷在臉上60秒，就可以同時完成臉部清潔及基礎保養的步驟。滋潤度恰到好處，使用起來還帶有舒服的果調卓本香，是一款適合全年使用的早安面膜。

肌美精

バランシング3Dマスク

クラシエホームプロダクツ
28mL×3片 900円

利用大豆萃取精華活化表皮細胞的能力，再根據不同保養需求，搭配各種肌膚健康成分的3D面膜。面膜布同樣採用肌美精獨家的立體服貼剪裁，能完美包覆鼻翼與下巴等細微部位，讓美肌成分滲透至全臉各角落。橘色版本添加金盞花萃取物，適合膚觸粗糙且容易黏膩的不穩肌使用。綠色版本則是添加茶樹萃取物，適合乾燥而略顯僵硬的肌膚使用。

モイスチャーセラム
精華質地

モイスチャーミルク
乳液質地

肌美精

超浸透3Dマスク
エイジングケア（美白）

クラシエホームプロダクツ
30mL×4片 760円

可完美包覆全臉的3D面膜，是日本藥妝店的掃貨重點品項。在全系列當中，又屬添加高純度維生素C的美白面膜人氣最旺。美容成分多達30毫升，而且略帶稠度，不容易在敷臉過程中蒸發。（医薬部外品）

CLEARTURN

ホワイトマスク
ビタミンC

コーセーコスメポート
27mL×5片 700円

日本藥妝店美白面膜的掃貨基本款，主要有效成分為安定型維生素C。改良後的純棉面膜布質地柔軟，而且眼角及嘴角等細微部位的服貼度也提升許多。（医薬部外品）

肌美精
CHOIマスク
薬用乾燥肌あれケア
クラシエホームプロダクツ
10片 700円

針對20世代乾燥肌與毛孔粗大問題所研發的每日保養面膜。在一包10片當中的精華液含量就多達155mL。結合薬用消炎成分與保濕成分，搭配促進滲透配方，能讓美肌成分深入角質層，安撫不穩的乾荒肌。敷完後膚觸清爽，不會殘留黏膩感。（医薬部外品）

DECORTÉ
iP.Shot
アドバンスト マスク
コーセー
6.7mL×12包 7,000円

黛珂創業界之先，於2020年初夏推出的撫紋能量頰膜，搭配獨家複合美肌成分及撫紋成分，具改善眼周和唇周皺紋的效果。頰膜一組兩片，可配合臉部左右弧度，順著眼尾、眼頭、鼻翼一路延伸至唇邊完美貼附，進行每週1～2次的集中速攻保養。香味方面，則是融合了柑橘、草本、木調以及花香，帶有療癒感的獨特香氣。（医薬部外品）

Saborino
薬用ひたっとマスクBR / AC
BCL
10片 700円

Saborino早安面膜於2022年推出的每日薬用面膜系列。主打早晚只要使用一片，即可同時完成化妝水、乳液、精華液、乳霜及面膜等五大功效。採用偏厚且柔軟的面膜布，可帶著滿滿的美容成分服貼於臉部肌膚。黃色包裝為添加美白成分傳明酸的亮白保養版本，綠色則是添加安撫成分甘草酸鉀的乾荒痘痘肌保養版本。（医薬部外品）

BR
亮白保養

AC
乾荒痘痘肌保養

毛穴撫子
お米のマスク
石澤研究所
10片 650円

所有美肌成分都來自日本國產米的保濕面膜。自2015年上市以來，就一直是眾人掃貨的重點品項。在多種日本國產米美肌成分的呵護下，不論是粗糙無彈性、毛孔粗大或是膚紋紊亂等問題，都能輕鬆迎刃而解。

毛穴撫子
ひきしめマスク
石澤研究所
10片 650円

專為混合肌所研發的收斂＆保濕雙效面膜。原本是數量有限的限定商品，但由於市場反應太好而被定番化。結合了小黃瓜與絲瓜萃取物的收斂作用，以及玻尿酸和膠原蛋白的保濕作用，相當適合毛孔粗大的混合肌族群用來強化日常保養。

DHC

ピンブライト ホワイトパック（ジェル状美容シート）

DHC
2片×30包 4,000円

含有高濃度的α-硫辛酸誘導體，並且添加多種亮白及保濕成分的強化保養貼片。獨特的貼片劑型，可針對斑點或肌膚暗沉部位進行加強保養。只要睡前簡單一貼，貼片中的美肌成分就能持續不斷地滲透至肌膚當中。

CLEARTURN

毛穴小町 ブラックピールオフパック

コーセーコスメポート
5回份 500円

專為黑頭粉刺及老廢角質與多餘皮脂問題所研發的撕除式面膜。只要塗在臉上約20分鐘，待凝膠乾燥後，便可連同老廢角質與雜毛一併撕除乾淨。一包大約可使用5次，使用起來帶有清新的草莓香氣。

IC.U

HA マイクロパッチ EX

ドクターフィルコスメティクス
2片1組 1,800円

可直接注入玻尿酸的微針眼膜。採用微針技術，將玻尿酸凝固成比蚊子口器更細小的微針，只要在睡前將眼膜貼合於眼下細紋部位，每片眼膜中多達1,300支的高吸水性玻尿酸微針，就會持續為肌膚注入水潤感。此外，還特別添加PEG-8酵素，以阻斷人體酵素分解玻尿酸，藉此提升微針眼膜的保養效果。

momopuri

フレッシュバブルパック

BCL
20g 350円

一包約可使用3次的泡泡碳酸面膜。在塗抹於臉上約5分鐘的時間內，乳霜狀的面膜會不斷地冒出細微泡泡，就像按摩般能促進循環，同時也為肌膚補充滋潤成分。特別適合在肌膚乾燥或略顯暗沉時進行特殊保養。

momopuri

フレッシュピールオフパック

BCL
20mL 350円

一包約可使用3次的撕除式面膜。只要塗在臉上約15分鐘後再輕輕撕除，就能簡單去除肌膚上的老廢角質與髒污，讓肌膚觸瞬間如同水蜜桃般滑潤水嫩。添加萃取自日本國產水蜜桃的神經醯胺與乳酸菌「EC-12」，具有不錯的保濕效果，使用起來也帶有一股淡淡的蜜桃香。

特殊保養
面膜

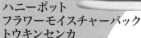

雪肌精
みやび

アクティライズ
ゴールデン スリーピング マスク

コーセー
100g 5,000円

可幫助肌膚充滿活力、水嫩彈潤的晚安凍膜。添加多種和漢活力成分及發酵美肌成分，再搭配日本傳統工藝所打造的華麗金箔，整體散發出極致奢華的視覺感。只要於睡前最後一道程序使用，隔日甦醒，就能迎來豐潤且具光澤感的健康美肌。

HONEYROA

ハニーポット
フラワーモイスチャーパック
トウキンセンカ

ハニーロア
75g 4,000円

以蜂蜜罐為設計概念，將法國農產栽培的金盞花瓣與蜂蜜結合在一起的沖洗式精華凍膜。濃密的蜂蜜基底，能溫和包覆並滋潤肌膚每個角落；而具備修復作用的金盞花，則是能夠安撫乾荒肌，讓肌膚整體顯得更加滑嫩透亮。

DEW

クリアクレイフォンデュ

カネボウ化粧品
90g 2,800円

融合玻尿酸與美容油等保養成分的按摩顆粒去角質泥膜。質地偏向滑順乳霜狀的泥膜，搭配會分解的按摩顆粒，能在舒服按摩臉部的同時，去除造成肌膚暗沉的老廢角質。建議在按摩全臉後靜置2-3分鐘，能讓美容成分滲透至肌膚裡層，同時享受天然薰衣草精油所帶來的自然療癒感。

TSURURI

パックバー

BCL
11g 1,000円

只要敷上1分鐘，就能輕鬆清潔毛孔的毛孔小偷棒。將摩洛哥熔岩泥、黑炭、火山土等髒汙吸附與角質調理成分製作成棒狀，只需單手操作，即可簡單塗抹於黑頭粉刺或膚觸粗糙的部位。靜置約1分鐘後用清水沖淨，毛孔就會瞬間變得清爽滑溜。

HONEYROA
大地泥采礦物泥膜
結合北海道洋槐蜂蜜與沖繩奇蹟海泥

可同時體驗大地與海洋美肌力的沖洗式泥膜

採用北海道蜂蜜及沖繩海泥為基底，再搭配不同的肌膚保養需求，添加各種美肌保養成分。只要在洗完臉後敷上5分鐘，就能用水沖淨，完成泥膜特殊保養。全系列共有6種類型，可以全臉使用同一型，也能根據自身膚況自由搭配。

例如T油U乾的混合型膚質，就能在T字部位使用黑色毛孔調理型，U字部位則使用粉紅保濕型。

HONEYROA マザークレイ ハニーロア	
粉色	210g 2,800円
紅色	200g 3,000円
黃色	220g 2,800円
黑/白/綠色	240g 2,800円

マザークレイ ピンク
////粉紅保濕型////

搭配粉色泥，是全系列中人氣最旺的類型。可促進代謝以喚醒肌膚原有的儲水力，適合用於應對肌膚深層水分不足的問題。

マザークレイ レッド
////紅色抗齡型////

搭配富含鐵質，可促進血液循環的法國紅泥，同時添加其潤澤作用的摩洛哥堅果油，是全系列中最適合做為抗齡保養的類型。

マザークレイ ブラック
////黑色毛孔調理型////

搭配活性炭，是全系列中清潔力最強的類型。可改善皮脂分泌過剩與毛孔粗大所引起的粗糙膚觸，尤其適合用來強化保養T字部位。

マザークレイ ホワイト
////白色亮白保養型////

搭配白泥，是全系列中夏季最為熱賣的類型。能確實去除老廢角質，藉此改善暗沉感，讓肌膚整體顯得更加水潤透亮。

マザークレイ グリーン
////綠色鎮靜型////

搭配歐洲醫療用綠泥，具備消炎鎮靜效果。能在去除多餘皮脂的同時，滋潤並調節肌膚健康狀態。適用於痘痘肌，或是賀爾蒙不平衡造成的不穩肌。

マザークレイ イエロー
////黃色緊緻型////

搭配黃泥，適用於保養因年齡增長所造成的肌膚紋路或鬆弛問題。藉由海泥與黃泥的滋養，修復因增齡而失去彈性的肌膚狀態。

SIDEKICK ─侍刻─

大膽配色超吸睛的大LOGO設計
鎖定引領潮流的Z世代年輕男性族群

資生堂相隔19年推出的
全新男性保養品牌

　　創業滿150週年的資生堂，在相隔19年後所推出的全新輕奢華男性保養品牌「SIDEKICK」，堪稱是2022年最具話題性的男性保養新品牌。

　　鮮豔的大膽配色、潮牌風格的大LOGO設計，以及金屬軟管與厚實玻璃瓶容器，這些元素全都跳脫資生堂的傳統風格，為Z世代保養打造出全新篇章。

　　融合自然美肌成分與資生堂的尖端研發技術，個性鮮明的SIDEKICK公開發表後，立即在日中兩地引爆話題。

　　在調香方面，更是採用罕見的混搭風格，全系列品項的香調並不相同，而是有4種不同香味，對於追求活潑多變的Z世代男性來說，是極具吸引力的特色之一。

基礎保養系列

SIDEKICK
【化妝水】　香味:木調草本

ハイブリッド
エッセンスイン ローション

150mL 2,200円

質地略為濃密滑順，卻沒有討厭的黏膩感。不僅具有優秀保濕力，更能形成一道屏障，發揮保水及對抗肌膚乾荒的問題。

SIDEKICK
【乳霜】　香味:柑橘薰苔

ハイブリッド
エッセンスイン
モイスチャライザー

60g 2,300円

只要珍珠大小的用量，就能讓肌膚長時間維持滋潤感的保濕乳霜。特別考量男性膚質容易出油的特性，使用後只留下水潤柔嫩的清透感，而沒有傳統乳霜黏膩的厚重感。

潔顏系列

根據不同的膚質特徵及潔顏需求，一口氣推出5款潔顏商品，而且香味幾乎各不相同。這種分類細緻、變化活潑的全新概念，在男性保養品界絕對是首創！

SIDEKICK

潔顏乳
香味:木調草本

アクアオン ハイブリッド クレンザー

120g 1,600円

沒有過強的去油力，所以潔淨後的臉部肌膚依然保有適當的滋潤度。

SIDEKICK

潔顏乳
香味:柑橘薰苔

ブライトオン ハイブリッド クレンザー

120g 1,700円

整體表現相當適中的入門款，潔淨後的臉部肌膚會顯得滑順柔嫩。

SIDEKICK

潔顏乳
香味:柑橘草本

ストレングスオン ハイブリッド クレンザー

120g 1,900円

在整個潔顏系列當中，較偏向提前部署的輕抗齡類型，能讓肌膚更添緊緻與活力。

SIDEKICK

潔顏乳
香味:清新柑橘

カラーオフ ハイブリッド クレンザー

120g 1,800円

具備優秀的潔淨力，能夠卸除淡妝底或防曬產品。潔淨後的膚觸顯得相當清爽。

SIDEKICK

潔顏泡
香味:清新柑橘

シャインオフ ハイブリッド クレンザー

180g 1,800円

只要輕輕一壓，就能擠出濃密的碳酸潔顏泡，可潔淨男性膚質特有的過多皮脂和毛孔髒污。

 分區面膜

 SIDEKICK

ハイブリッド TU ダブル マスク

シャインオフ T マスク 51mL(綠)
アクアオン U マスク 94mL(藍)
(各)10枚 2,800円

針對男性特有的T油U乾混合肌問題所研發，可針對不同部位，滿足各別保養需求的混搭面膜。建議先敷U字面膜，再接著敷上T字面膜。

ASTALIFT MEN
運用科技的研發結晶
提升男性肌膚的質感與自信

包裝採用沉穩的黑色與深紅色設計，呈現出高雅紳士氣息的視覺質感。富士軟片運用拿手的奈米技術結晶，同時融合兩種人型神經醯胺與蝦青素，可發揮優秀的保濕抗氧化機能。同時考量到男性刮鬍習慣下所特有的肌膚乾荒問題，添加抗發炎成分甘草酸二鉀與皮脂調理成分射干萃取物，再搭配清新的草本柑橘香，開發出男性專屬的ASTALIFT MEN基礎保養系列。

ASTALIFT MEN
モイストクリアウォッシュ

富士フイルム
100g 2,500円

可簡單搓出綿密泡沫的潔顏泡，具備相當優秀的潔淨力，卻沒有過度清潔的緊繃感。

ASTALIFT MEN
ジェリー アクアリスタ

富士フイルム
60g 12,000円

承襲ASTALIFT經典品項，是目前市面上唯一的男性專用前導記憶凝凍，可幫助容易受損的男性肌膚更添滋潤與光澤感。

ASTALIFT MEN
モイストローション

富士フイルム
120mL 3,500円

獨家的奈米化蝦青素，能為受損的男性肌膚補充滿滿的水分，進而散發出自然健康的膨潤感。

ASTALIFT MEN
モイストエマルジョン

富士フイルム
80mL 3,900円

可在修復受損肌膚的同時，調節男性膚質特有的油水不平衡問題。滋潤度表現佳，而且使用後不會留下男性討厭的黏膩感。

THREE FOR MEN GENTLING
抑制出油‧深層滋潤
應對男性充滿矛盾的特殊膚質

印象中，男性臉部肌膚總是泛著油光，但其實大多數男性都是缺水的隱性乾燥肌。由於男性肌膚代謝速度快，因此往往會顯得比較厚；同時，由於男性角質細胞比較小且防禦機能偏弱，因此肌膚內部往往處於水分極端偏少的狀態──針對如此矛盾的男性獨特膚質，日本人氣自然派保養品牌「THREE」便採用植萃成分搭配香氛表現恰到好處的天然精油，推出了專屬男性的自然派保養品牌「THREE FOR MEN GENTLING」。

THREE

フォー・メン
ジェントリング
フォーム

THREE
80g 3,800円

能洗淨多餘皮脂與老廢角質，且洗淨後還能保有恰到好處的滋潤感，讓肌膚呈現出零油光的清透感。

THREE

フォー・メン
ジェントリング
ローション

THREE
100mL 5,000円

能巧妙解決外油內乾的男性獨特肌膚保養困擾。質地滑順，不僅能抑制皮脂過度分泌並有效補水，也能在刮鬍後安撫不穩定的肌膚狀態。

THREE

フォー・メン
ジェントリング
エマルジョン

THREE
100mL 6,500円

能幫肌膚形成一道潤澤層，又能維持一整天清爽不黏膩的乳液。此外，還能透過柔化肌膚的方式，讓男性不穩的膚況更趨健康。

LISSAGE MEN
從包裝設計到保養概念
散發出滿滿的時尚俐落感
專屬男性的膠原蛋白保養品牌

LISSAGE MEN承襲佳麗寶長達三十多年的膠原蛋白研究結晶，為男性開發出簡單俐落卻脫俗不凡的保養系列。特別是潔顏泡及化妝液的三角立體瓶身，是委由日本現代設計大師佐藤可士和操刀，無論放在浴室或寢室的任何角落，都有如時尚居家擺飾般，吸引著人們目光。

LISSAGE
MEN

フォーミングソープ

カネボウ化粧品
150mL 2,000円

單手就能擠出濃密泡泡的潔顏泡。富有彈力的潔顏泡，除能潔淨臉部肌膚之外，因為不含酒精等刺激性成分，所以也能作為刮鬍泡使用。

LISSAGE
MEN

スキンメインテナイザー

カネボウ化粧品
130mL 3,000円

專為男性膚質特色所研發，著重於保濕效果的雙效化妝液。考量到男性膚況容易受刮鬍習慣所影響，因此捨棄了男性保養品中常見的酒精成分。此外，LISSAGE MEN的化妝液特別採用清新脫俗的草本精油香，使用感受更升級。

LISSAGE
MEN

UV プロテクター
パーフェクト

カネボウ化粧品
50g 2,700円

特別為男性所研發的專用防曬乳。由於男性運動量大，較容易流汗，且衣物及毛巾摩擦肌膚的頻率高，因此特別強化不易脫落的耐摩擦機能。防曬乳本身帶有清新的木質香調，所以不必擔心會與汗水混合成奇怪的氣味。
(SPF50+‧PA++++)

DISM
消除肌膚負債的運動男子保養系列

DISM發現20歲前後活躍於戶外運動的男性，肌膚都會長時間受到紫外線或乾燥因素所傷害。這種情況日積月累後，就會形成肌膚的負債，並潛藏著引發黑斑或細紋等問題的隱憂。因此，DISM特別研發運動男子保養系列，要以最簡單的步驟，提升年輕男性的肌膚防禦機能，使肌膚告別負債，恢復正常代謝的健康狀態。

DISM
クリーミーフォームウォッシュ
アンファー
120g 1,800円

可簡單擠出濃密泡泡，縮短洗臉時間的碳酸潔顏泡。能在確實洗淨毛孔髒汙的同時，保有適當滋潤度。由於泡泡相當綿密，也可以當成刮鬍泡使用。

DISM
オールインワンジェル
アンファー
90g 2,200円

在洗完臉後只要使用這瓶，就可以搞定所有保養步驟的五合一多效保養凝露。添加20種胺基酸，適合用來解決因肌膚乾燥所引起的暗沉與缺乏彈力等問題。

DISM
マルチスキンケアシート
アンファー
32枚 1,800円

可簡單完成清潔與保養的抽取式多效保養棉片。巴掌大的棉片，能在忙碌時直接擦拭，一次完成洗顏、化妝水、精華液及乳液等保養步驟。也能直接貼於肌膚上，強化保養在意的部位。

FUNDAY
讓每位男性都能當個完美的貓鬍子
日本男性開架式保養新品牌

鎖定年輕男性刮鬍及刮鬍後保養需求，開發出洗臉和保養都只需要一個步驟就可完成的新男性保養系列。包裝設計採鮮亮配色與賓士貓頭像，不但可愛且辨識度相當高。FUNDAY之所以會採用如此特別的設計，絕對不只是因為有貓就有讚的關係。其實FUNKY的品牌理念來自於英文中的貓鬍子「Cat's Whiskers」，其含義為「美好的人或物」，希望每位男性，都能透過日常保養，成為一個更加美好的時尚男性。

FUNDAY
モイストシェーブ&ウォッシュ
クラシエホームプロダクツ
130g 600円

濃密刮鬍泡潔顏乳。潔顏泡質地濃密有彈性，能柔化鬍根，讓鬍子變得更好剃除。

FUNDAY
モイストワンステップジェル
クラシエホームプロダクツ
95g 900円

鬍後爽膚多效保養凝露。添加多種保濕與收斂成分，刮鬍後或日常保養只要一罐就能解決。

PROUDMEN.
做一個充滿自信的現代男性
結合商務·儀容·香氛特質
日本原創的男性時尚保養品牌

以最有人氣的衣物香氛噴霧為代表的PROUDMEN.，隨著在日本國內的死忠鐵粉不斷增加，持續壯大成為一個品項超過30種、類別橫跨肌膚保養、身體保養以及美髮系列等的全方位男性保養品牌。除了洗鍊俐落的包裝設計之外，PROUDMEN.的高人氣祕密，來自於時尚沉穩且清新脫俗的香調。許多重視香氛表現的男性，在接觸過後都會愛不釋手。

PROUDMEN.
クレイフェイス
ウォッシュ

ラフラ・ジャパン
120g 1,900円

添加富含礦物質的法國綠泥及質地Q彈的蒟蒻微粒，能確實潔淨毛孔並吸附髒汙。洗後肌膚格外清爽滑嫩，沒有過強的去油緊繃感。

PROUDMEN.
ディープエフェクト
ローション

ラフラ・ジャパン
200mL 2,600円

針對男性外油內乾的獨特膚質所研發，能強化保濕力卻不黏不膩的化妝水。質地略帶稠度，不必擔心倒出時四處噴濺。

PROUDMEN.
ディープエフェクト
ミルク

ラフラ・ジャパン
150mL 2,600円

滲透力與保濕力表現優秀，質地卻相當清爽的乳液。帶有些微的清涼感，在刮鬍後可發揮不錯的鎮靜效果。採用壓嘴容器，只要單手就能輕鬆擠出。

PROUDMEN.
ディープエフェクト
バブルセラム

ラフラ・ジャパン
60g 4,500円

添加13種保濕、彈力及代謝美肌成分的碳酸精華泡。早上忙著出門時，只要在洗臉後使用這一罐，就能在10秒內完成保養程序。晚上則是能作為泡泡面膜或導入精華，提升後續保養品的吸收力。

MEN'S ACNE BARRIER
痘痘肌保養系列
/////////////////////////

　　針對男性特有的油性膚質、刮鬍刺激以及生活飲食壓力，甚至是長時間佩戴口罩所引起之痘痘問題所研發的痘痘肌保養系列。從洗臉到保養只要3步驟，還有外出見人必備的遮瑕棒，能幫助所有男性輕鬆解決面子問題！

ACNE BARRIER
メンズアクネバリア
薬用ウォッシュ

石澤研究所
100g 1,300円

添加殺菌成分及抗發炎成分，再搭配茶樹精油的痘痘肌專用潔顏乳。徒手就能搓出既細緻又滑順的泡泡，不僅能深入清潔毛孔，在洗臉過程中，也不會因為過度摩擦而對痘痘造成刺激。（医薬部外品）

ACNE BARRIER
メンズアクネバリア
薬用ローション

石澤研究所
120mL 1,500円

專為男性皮脂分泌旺盛引起的痘痘肌問題所研發的抗痘化妝水。融合茶樹精油以及殺菌・抑制皮脂過度分泌成分，可安撫不穩的痘痘肌狀態。（医薬部外品）

ACNE BARRIER
メンズアクネバリア
薬用スポッツ

石澤研究所
9.7mL 1,500円

主成分為茶樹精油與殺菌成分的抗痘滾珠棒。體積小方便攜帶，可隨時隨地塗抹於患部，鎮定紅腫發炎的痘痘。（医薬部外品）

ACNE BARRIER
メンズアクネバリア
薬用コンシーラー ナチュラル

石澤研究所
5g 1,300円

添加殺菌及抗發炎成分的痘疤遮瑕棒。不只能遮蓋醒目的大紅痘，還能透過藥用成分安撫痘痘。對於臨時需要約會或面試的人而言，絕對是一款不可或缺的遮瑕神器。（医薬部外品）

MEN'S Bioré ONE是來自於花王MEN'S Bioré 旗下的新系列，主打特色就是能以最簡單的步驟，完成男性基礎保養需求。事實上，這也是絕大部分男性保養品牌的主要訴求，然而MEN'S Bioré ONE系列的最大不同，在於每個品項都具有多重機能，可謂一物多功，對於懶得保養和追求效率的男性而言，或許是個「懶人保養」的絕妙選擇！

MEN'S Bioré ONE
男人的保養不只要簡單
更要追求一物多功的高效率

ONE
泡ハンドソープ
＆洗顔料
花王
250mL 798円

洗手泡＋刮鬍潔膚泡，採用按壓方式，單手也可以把泡沫擠在掌心使用。

ONE
全身化粧水
スプレー
花王
150mL 636円

臉・身體用化妝水＋髮妝水，使用起來清爽但滋潤。

ONE
オールインワン
全身洗浄料
花王
480mL 880円

髮・臉・體全身用潔淨乳，帶有清爽的草本綠地香氣。

行銷全球30多國的男性保養品牌OXY，是由日本樂敦製藥所研發，強調能以最簡單的步驟，解決年輕男性所有保養問題的開架式保養系列。在日本的藥妝店當中，可說是人氣屬一屬二的熱銷品牌，尤其是一罐就能完成所有保養工作的多效凝露，更是近期備受日本年輕世代青睞的熱門品項。

樂敦OXY
男性保養品牌

OXY
パーフェクト
ウォッシュ
ロート製薬
130g 495円

能輕鬆去除多餘皮脂，洗起來帶有超級舒暢清涼感的潔顏乳。搭配抗菌、抗發炎成分，以及能夠代謝老廢角質與改善毛孔阻塞問題的水楊酸，很適合有痘痘保養困擾的年輕男子。（医藥部外品）

OXY
ディープ
ウォッシュ
ロート製薬
130g 495円

添加超細炭微粒以及高潔淨力柔珠，可強化清潔毛孔髒汙以及堆積在肌膚上的老廢角質。搭配毛孔收斂成分，相當適合毛孔粗大的油性肌使用。（医藥部外品）

OXY
パーフェクト
モイスチャー
ロート製薬
90g 900円

在洗完臉或刮鬍之後，只要一罐，就能輕鬆完成所有保養步驟的多效凝露。針對容易出油的年輕男性所研發，不僅注重油水平衡的保濕作用，在質地上，更講求清爽不黏膩的使用感。

防 曬

HAKU
薬用　日中美白美容液

HAKU
45mL 4,800円

結合HAKU驅黑淨白露Z的美白成分
4-MSK與m-傳明酸，以及高防曬係數
的日用美白防禦精華。能在抵禦紫外
線傷害的同時，發揮美白肌膚的效
果。考量到白天日曬或空調環境等因
素，特別強化保濕成分，以維持肌膚
的滋潤度。質地輕透易推展，同時還
帶有提亮膚色的效果，能讓黑斑及色
差變得較不顯眼。（医薬部外品）
（SPF50+・PA++++）

clé de peau BEAUTÉ
ヴォワールコレクチュールn

クレ・ド・ポー　ボーテ
40g 6,500円

開發靈感來自鑽石光澤的養膚粉底
霜，質地宛如絲綢般滑順水潤，不僅
擁有瞬間美肌的高遮瑕力，還能讓妝
感散發出優雅光澤，堪稱是完美結合
了底妝和保養品的功效。在修飾肌膚
歲月紋理的同時，還能透過獨家美肌
成分，喚醒肌膚的知性美。採用天然
玫瑰萃取物為基底，打造出高雅脱俗
的香氣。（SPF25・PA++）

ANESSA
パーフェクトUV スキンケアミルク　N

アネッサ
60mL 3,000円

安耐曬金鑽高效防護露，人氣持久不
墜，是旅客前往日本藥妝店必掃的經
典防曬。在2022年的改版中，採用
最新獨家技術，讓UV防護膜在遇到
汗、水、熱的時候，保護力更加強
悍。此外，還搭配50%雙效抗光修護
配方，可同時發揮保濕美肌功能。改
版後質地清爽許多，使用一般洗面乳
就能簡單卸除。（SPF50+・PA++++）

ANESSA
パーフェクトUV マイルドミルク　N

アネッサ
60mL 3,000円

專為敏感肌所設計的安耐曬，就連小
朋友都能使用。不只是零負擔的高
UV防禦力，更採用世界首創超柔光
無縫防護科技，能反射從每個角度而
來的光線。質地就像乳液般輕透柔
滑，塗抹時不會對敏感肌造成過度拉
扯與刺激。（SPF50+・PA++++）

雪肌精
みやび
UV ディフェンス AG

コーセー
40g 3,500円

添加雪肌精御雅系列抗齡保養成分的防曬乳液。可徹底阻隔紫外線，抵禦乾燥與環境因子對肌膚所造成的傷害，藉此實現極致的清透感。質地滑順，可輕鬆推展於全臉，讓肌膚全天都能散發出健康的光澤感。
（SPF50+・PA+++）

AYURA
ウォーターフィールUVジェルα

アユーラ
75g 2,800円

容易推展的水感防曬凝露。保濕潤澤表現優異，使用後膚觸清爽滑順，讓人感覺相當舒服。獨特東方草本香氛，在使用的同時還能舒緩身心，也是有別於其他防曬品牌的最大特徵。
（SPF50+・PA++++）

WRINKLE WHITE
リンクルホワイト
UVプロテクター

オルビス
50g 3,500円

不只是高係數防曬力，還能同時對付細紋問題與發揮亮白作用。採用獨家的AT Protect配方，能讓防曬美肌成分服貼於肌膚每個角落，就連整天處於活動狀態下的表情紋路也能完整防禦。偏水潤質地，不但輕鬆好推展，也不會殘留黏膩感。（医薬部外品）
（SPF50+・PA++++）

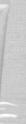

TRANSINO
トランシーノ®薬用
ホワイトニングUVプロテクター

第一三共ヘルスケア
30mL 2,600円

一款能在防曬時進行淨白保養、無添加紫外線吸收劑的物理防曬品。搭配傳明酸成分，一次滿足淨白保養、乳液、防曬以及飾底等需求。具有毛孔和肌膚質感修飾效果，可做為妝前打底使用。（医薬部外品）

ASTALIFT
D-UVクリア
ホワイトソリューション

富士フイルム
30g 3,900円

採用獨家伸展防禦技術，可完全包覆臉部肌膚可動部位，發揮全方位紫外線防禦力的防曬精華。不只能確實防曬，還能讓膚色更顯透亮。添加保養系列主打的奈米AMA、奈米蝦青素以及3種膠原蛋白，可發揮相當優秀的保濕抗氧力。（SPF50+・PA++++）

ノンケミカル
薬用美白UVクリーム

石澤研究所
40g 2,300円

兼具美白保濕機能，也可做為飾底乳的
高係數防曬乳。添加美白成分維生素C衍
生物及多種保濕成分，不含紫外線吸收
劑，即使肌膚敏感族群也可使用。
(SPF50+・PA++++)

ALLIE

クロノビューティ
ジェルUV EX

カネボウ化粧品
90g 2,100円

日本各大美妝防曬排行榜常勝軍的
ALLIE防曬凝露，不只承襲原有的耐
水耐汗、抗衣物摩擦不易脫落以及搭
配玻尿酸與保養成分的特點之外，更
改良配方，成為不傷害珊瑚等海洋生
物的友善海洋防曬。
(SPF50+・PA++++)

**SUNCUT
PRODEFENSE**

ホワイトニングUV
エッセンス

コーセーコスメポート
90g 2,000円

50%為美容成分，其中包含美白成分
傳明酸以及防乾荒成分維生素E，可
保護肌膚不受強烈陽光傷害的美白型
防曬精華。採高耐久技術，就算在戶
外活動一整天也不必擔心，而且還能
阻擋花粉及灰塵等致敏物質附著於臉
部肌膚。(医薬部外品)
（SPF50+・PA++++）

**SUNCUT
PRODEFENSE**

トーンアップUV
スティック

コーセーコスメポート
20g 2,000円

體積小不沾手，方便隨時用來抵禦陽
光傷害的防曬棒。本身帶有薰衣草紫
色，只要輕輕一抹，不僅能簡單上好
防曬，還能讓肌膚更顯清透好氣色。
（SPF50+・PA++++）

---

do natural

コンフォート UV ミルク
［ブライト ベージュ］

ジャパン・オーガニック
30mL 1,800円

未添加紫外線吸收劑卻不泛白，90%
為天然成分的友善海洋防曬。帶有潤
色效果，能直接當成飾底乳使用，可
在防曬同時遮飾明顯的粗大毛孔。使
用時帶有令人感到放鬆的草本花香。
(SPF50+・PA+++)

雪肌精

スキンケア
UVジェル

コーセー
90g 2,100円

保養精華成分高達80%，質地極為清爽無負擔的防曬凝露。不僅能長時間滋潤肌膚，還額外添加皮脂吸附成分，所以使用起來特別清爽不黏膩。對於追求輕透乾爽感的人來說，是一款相當不錯的日常防曬選擇。
（SPF50+・PA++++）

MINON

UVマイルドミルク

第一三共ヘルスケア
80mL 1,600円

專為敏弱肌設計，著重肌膚防禦機能及保濕作用的防曬乳。質地清爽不黏膩，除了能夠抵禦紫外線傷害，也能對抗空氣中的灰塵等細微粒子附著，是一款從小朋友到高齡者都能使用的全齡適用防曬。（SPF50+・PA++++）（医薬部外品）

Bioré UV

アクアリッチ
アクアプロテクトミスト

花王
60mL 980円

號稱2022年最受關注的防曬噴霧新品。只要輕壓噴頭，就能將宛如化妝水般清爽的防曬噴霧均勻噴在全臉甚至是頭髮上。使用前不須搖勻，也可以倒過來噴，顯得既省時又省事。由於不是氣體加壓瓶，所以使用時聲音並不明顯，放在即將帶回國的托運行李中，也不會有相關容量限制問題。（SPF50・PA++++）

Bioré UV

アクアリッチ
アクアプロテクトローション

花王
70mL 880円

甫上市就在日本造成搶購風潮的水感防曬液。花王Bioré採用獨家技術，將所有防曬成分包覆於潤彈的細微水膠囊當中，因此使用起來就像是在搽化妝水一般，可輕透迅速地緊密附著於肌膚上，不會有傳統防曬的黏膩感。（SPF50+・PA++++）

Bioré UV

アクアリッチ
ウォータリーエッセンス

花王
70g 798円

在日本堪稱是殿堂級神作的防曬凝露。質地清爽且可靠的防曬效果，是它人氣居高不下的主因。採用全球首創的Micro Defense技術，能讓防曬效果全面涵蓋至細微的皮溝，防曬保護零死角。（SPF50+・PA++++）

SKIN AQUA

トーンアップUV
エッセンス

ロート製薬
80g 1,000円

開創日本潤色防曬市場的代表性先鋒。夢幻的紫色防曬精華，是由打造清透感的藍色與提升好氣色的粉紅色所調合而成。不僅能完美防禦紫外線傷害，還能讓膚色看起來更加清透嫩白。（SPF50+・PA++++）

底妝

Beige／駝色
・修飾膚色不均

Melon／綠色
・修飾膚色泛紅

Primavista

スキンプロテクトベース
＜皮脂くずれ防止＞SPF50

花王
25mL 2,800円

人氣爆棚的控油防脱妝飾底乳之高防曬係數版本。不只承襲強大的控油力，還擁有防曬乳等級的高防曬係數。經官方實驗證實，即使佩戴口罩長達10小時，還是能夠維持完美的控油力與持妝感。依據不同膚況需求，共推出4種潤色版本。(SPF50・PA+++)

Lavender／紫色
・修飾膚色暗沉

French Blue／藍色
・修飾膚色泛黃

Primavista

スキンプロテクトベース
＜皮脂くずれ防止＞

花王
25mL 2,800円

在台日兩地，都擁有極高人氣的控油防脱妝飾底乳。在最近一次改版中，同時採用固化皮脂粉體、吸附皮脂粉體，以及撥彈皮脂的油性成分，可在肌膚表面形成一道耐皮脂性薄膜，進而實現超強的抗油光效果。改版後質地依舊輕透好推展，就算戴口罩也不怕脱妝。(SPF20・PA++)

do natural

ハーモニアス
プライマー

ジャパン・オーガニック
30g 2,000円

90%為天然成分的保養概念型飾乳。本身帶有淡淡的粉紅色，能讓膚更顯清透且氣色紅潤。質地輕透好推展，肌膚服貼性與保濕表現也十優秀。採用天竺葵、香檸檬以及柑橘精油，調和出能振奮精神的清花果香。(SPF12・PA+)

MAQuillAGE

ドラマティックエッセンスリキッド

マキアージュ
25mL(5色) 3,200円

主打零毛孔・超保濕・極持妝的水蜜光精華無瑕粉底。只要輕輕一抹，高滲透潤澤精華成分就會瞬間傳遞至肌膚深處，同時緊密貼合凹凸毛孔，宛如隱形般完美遮瑕。乳化技術、美肌效果以及滲透精華三位一體，堪稱是MAQuiIlAGE品牌史上超強的美肌粉底液。(SPF50+・PA++++)

do natural

デュイネス
リキッド ファンデーション

ジャパン・オーガニック
30mL 2400円

添加角質防禦及天然保濕成分，質地濃密滑順的保護型粉底液。毛孔及不均膚色的遮飾力表現優秀，能讓肌膚散發出健康光澤感。香調方面，則是以天竺葵、香檸檬以及天然柑橘精油調和而成的清新花果香。(SPF13・PA++)

雪肌精

ホワイト　CCクリーム

コーセー
30g 2,600円

融合雪肌精東洋草本萃取保濕成分的CC霜，只要簡單一抹，就能完成保養及底妝步驟。透過獨特柔焦效果，可讓肌膚看起來更顯柔嫩細緻，同時自然遮飾臉上的小瑕疵。即使到了傍晚出油，還是能維持妝容不顯暗沉。（SPF50+・PA++++）

**雪肌精
みやび**

フォータリー
リキッド　クッション

コーセー
2g 4,300円

加雪肌精御雅系列和漢保濕成分的墊粉餅。輕輕推展於肌膚後，可立打造出動人的水潤光澤感，完美遮肌膚暗沉，同時提升澄淨視覺感。此之外，還能持續潤澤與柔化肌，防止外在環境造成肌膚乾荒。SPF30・PA+++）

**雪肌精
クリアウエルネス**

スマート
ミルクパクト

コーセー
(蕊)15g 2,600円・(盒)1,000円

融合保養概念的乳液型粉餅。只要輕輕一抹，就能同時完成乳液、保濕美容液、防曬、飾底乳及粉餅等步驟，能在自然遮飾粗大毛孔與小瑕疵的同時，為肌膚做好扎實的保濕工作。獨特的低融點配方，在接觸肌膚的瞬間，就能迅速化開。即使戴著口罩，也不容易脫妝。（SPF43・PA+++）

雪肌精 みやび

フェイスパウダー

コーセー
17g 4,500円

添加雪肌精御雅系列特有的和漢保濕成分，以及來自植物之皮脂吸收成分的蜜粉。極致的粉體可完美修飾肌理，就像是奢華的薄紗一般，讓肌膚滿溢著優雅的絲滑膚觸。

雪肌精

スノー CC パウダー

コーセー
(蕊)8g 3,200円・(盒)1,000円

質地柔順薄透，同時具備CC霜和蜜粉妝效的雪肌精CC絲絨蜜粉餅。粉體當中添加雪肌精特有的東洋草本萃取成分，能在自然修飾肌膚的同時，發揮出色的保濕作用。（SPF14・PA+）

MAQUillAGE

ドラマティック パウダリーEX

マキアージュ
(蕊)9.3g 3,000円・(盒)1,000円

在日本當地人氣居高不下，屢屢登上美妝榜的心機星魅輕羽粉餅。主打清透・潤澤・遮瑕三大訴求，採獨家空氣慕斯製法，質地宛如絲綢般滑順。搭配360°擴散光線的美肌粉體，簡簡單單，就可以打造出均勻滑嫩的零油感光澤清透肌。(SPF25・PA+++)

Clear Last

フェイスパウダーハイカバー N キラ肌オークル

BCL
12g 1,500円

熱銷日本多年，據説是女高中生包包中必備的防曬遮瑕蜜粉餅。不只能瞬間解決毛孔粗大與膚色不均的問題，還能預防出油帶來的脱妝困擾。細緻的珠光亮粉，能打造出充滿活力的光澤感。（SPF40・PA+++）

KATE TOKYO skin cover filter foundation

肌が塗り替わる スキンカバーフィルター

06
明るいピンクよりの肌

パウダーファンデーション

SPF15 PA++

THE BASE ZERO

特別推薦

零瑕肌密 柔焦粉餅

KATE

スキンカバーフィルター ファンデーション

カネボウ化粧品
(蕊)13g 1,600円・(盒)600円

能與肌膚自然融為一體，並且完美修飾粗大毛孔或膚色色差與小瑕疵的粉餅。使用感相當輕透，卻能打造出宛如陶器般略帶光澤的霧妝效果。使用後不易泛油光、不易脱妝，對於不擅長使用粉餅的人來説，是相當值得嘗試的推薦商品。另一個極具魅力的特色，在於色號選擇相當多，例如06偏亮的粉色系，就能打造出富有清透感的亮白肌。

美容雜貨
美容小物

透明白肌

ホワイトクリアパッド

石澤研究所
30片 800円

表面凹凸設計，能溫和且有效率地拭去老廢角質，讓肌膚顯得更加透亮的潔顏棉。添加去角質成分AHA，以及速效型維生素C衍生物為主的亮白保濕成分，適合在洗完臉後於保養步驟前，用來強化去除肌膚上的老廢角質。除臉部肌膚之外，也能用來去除身體肌膚的老廢角質。

TSURURI

クリーニングリキッド

BCL
50mL 900円

主打能將粉刺趕出毛孔的毛孔聖水。只要沾濕化妝棉敷在鼻頭與鼻翼上，弱鹼性的毛孔淨化液，就能讓粉刺與髒汙浮出毛孔外。接著，只要用化妝棉輕輕一擦，就可以向卡在毛孔裡的髒束西說再見！

毛穴撫子

男の子用
昼洗顔シート

石澤研究所
30片 780円

專為男性粗大毛孔與鼻翼黑頭粉刺所開發的潔顏棉。表面的凹凸設計，能溫和且有效率地拭去老廢角質及多餘皮脂。不含酒精且添加收斂、保濕成分，使用後肌膚顯得清爽不緊繃，也可以用來取代濕紙巾，隨時潔淨臉上髒汙。

TSURURI

毛穴汚れ分解ジェル

BCL
15g 900円

只要定期在鼻頭或鼻翼上刷一刷，就能清除毛孔髒汙的分解凝膠筆。添加3種分解酵素的溫感凝膠，能確實分解毛孔髒汙與黑頭粉刺。搭配軟管前端的矽膠刷頭，能在溫和不傷害肌膚的狀態下，仔細刷淨鼻頭與鼻翼上的每一個毛孔。

Dr.Nail

ディープセラム

KOWA
3.3mL 2,600円

能同時保護並強化指甲狀態的美甲精華。不只能在指甲表面形成強韌的纖維保護膜，還添加能強化指甲強度與健康度的有效成分。只要洗澡後像擦指彩一樣輕輕一刷，就能解決指甲容易斷裂、指甲偏薄或是指甲上出現縱紋等問題。

洗顔シート

花王
20枚 210円／38枚 210円

花王專為男性所開發的臉用濕紙巾系列。紙巾本身採用獨家的TOUGH-TECH技術，同時編織了高強度與高吸水性纖維，因此吸滿液體的紙巾在擦拭時，不容易破掉或捲起來，是許多日本男性包包中必備的爽身小物。

レギュラータイプ
經典柑橘

クールタイプ
涼感柑橘

清潔感のある石けんの香り
潔淨皂香

肌ケアタイプ
保養型

香り気にならない無香性
無香型

Bioré GUARD

薬用消毒タオル

花王
5包 500円

長度達46公分，能夠輕鬆擦遍全身的消毒紙巾。不只含有濃度52％的酒精，還添加殺菌成分氯化苯二甲烴銨。個別包裝方便隨身攜帶，除了平日外出使用，也很適合放進防災包作為防災物資，或是在露營時作為乾洗澡紙巾。(指定医薬部外品)

Bioré Z

薬用 スキンシート
ほのかなせっけんの香り

花王
28枚 496円

花王制汗爽身品牌Bioré Z所推出的全身用抑菌濕紙巾。相較於花王旗下一般濕紙巾，尺寸足足大了一倍，能夠輕鬆擦拭身體大面積部位。搭配Bioré Z拿手的殺菌防臭技術，更能維持使用後的清爽感。(医薬部外品)

キレイキレイ99.99%除菌ウェットシート

ライオン
30枚 250円

號稱能99.99%除菌，可在外出時隨時拿來擦拭硬質物體表面的溼紙巾。在疫情仍未完全平復的現今，是許多日本人包包中必備的個人衛生單品之一。分為重視除菌力的含酒精版本，以及孩童也能安心使用的無酒精版本。

アルコールタイプ
含酒精版本

ノンアルコールタイプ
無酒精版本

除菌やわらかウェットシート

花王
10枚 99円

添加綠茶成分，不僅能夠除菌，就連油汙或泥巴都能輕鬆擦拭的除菌紙巾。紙巾本身質地偏厚，擦拭的時候不容易破掉。只要隨身準備一包，就算不方便洗手，也能簡單清潔雙手與全身肌膚。

ノンアルコールタイプ
無酒精型

アルコールタイプ
含酒精型

全身すっきりシート

花王
10枚 250円

100%純棉全身用濕紙巾，搭配弱酸性成分，只要輕輕一擦，就像是淋浴後一般的舒服。帶有厚度的紙巾，使用起來溫和不刺激，而且不會殘留粉末，即使嬰兒也能安心使用。除了一般日常外出使用，對於生病無法入浴以及搭長程飛機的人來說，都是相當方便的隨身清潔小物。

アロマボディシート

アユーラ
15枚 750円

一款採用富士山麓純水為基底，是極少數能榮獲日本美妝榜肯定的濕紙巾。不只能夠擦拭肌膚上的汗水、皮脂與髒汙，還帶有充滿層次感、足以和香水匹敵的森林清香。由於香氛表現太過優秀，因此擁有一大票愛不釋手的忠實粉絲。

美容雜貨
眼罩・足膜

無香料
無香型

ラベンダーの香り
薰衣草香

めぐりズム

蒸気でホットアイマスク

花王
5片 475円

赴日購物必掃清單常列的蒸氣眼罩。在2022年
這波大改版當中，除包裝設計質感更提升之外，
最重要的是眼罩變得更厚、更蓬鬆且更服貼於眼
部線條，接觸面積也放大許多，因此溫熱放鬆感
也明顯UP！UP！

カモミールの香り
洋甘菊香

ローズの香り
玫瑰花香

完熟ゆずの香り
柚子果香

森林浴の香り
森林浴香

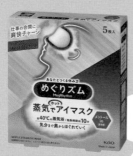

メントールin
爽快感
薄荷香

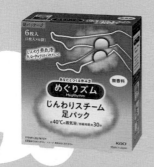

めぐりズム

じんわりスチーム　足パック

花王
6片 570円

打開包裝後，可持續散發40℃溫熱感約半小時的蒸氣暖足溫感貼。特別適合久坐的上班族，或是長時間搭乘交通工具的人，用來呵護疲累緊繃的雙腿。貼片本身為無香型，材質柔軟可緊密貼合，就算貼在小腿肚也不容易脫落。

めぐりズム

炭酸で　やわらか足パック

花王
6片 570円

添加碳酸與清涼薄荷成分的超柔軟足部舒緩貼片。在工作久站或行軍式旅遊後，很適合貼在小腿肚或腳底，讓疲累的雙腿徹底放鬆。涼感能持續長達6小時，而且貼片本身帶有舒服的薰衣草薄荷香。

休足時間

足すっきりシート
休足時間

ライオン
18片 730円

可說是日本藥妝店超級經典款的足部舒緩貼片。沁涼的高分子凝膠貼片，搭配清涼薄荷成分以及多種能舒緩身心的香氛，特別適合在久站或步行一整天後，黏貼在小腿肚上安撫過勞的雙腿。

165

口唇保養
口腔衛生・牙膏

ハレス ハミガキ

ロート製薬
50g 900円

專為改善牙齦健康狀態所研發的護理型
牙膏。添加消炎、殺菌、修復以及促進
循環等四大機能成分，特別適合注重牙
齦健康的族群使用。牙膏本身帶有黏
性，可確實附著於牙齦上，因此也很適
合在刷牙時為牙齦進行按摩。（医薬部
外品）

PureOra
GRAN

花王

(マルチケア)　　　100g 830円
(ホワイトニング)　 95g 830円
(知覚過敏症状ケア)95g 830円

專為預防成人牙周病，以及口氣清新
等口腔護理需求所開發的口腔抗齡型
牙膏系列。採用殺菌成分CPC，能消除
引發口臭問題的細菌，同時搭配抗發
炎成分GK2，可改善成人常見的牙齦
發炎問題，藉此發揮預防牙周病的效
果。（医薬部外品）

マルチケア
全面防護型

ホワイトニング
亮白強化型

知覚過敏症状ケア
抗敏強化型

ClearClean
プレミアム

花王
100g 540円

添加濃度高達1,450ppm的氟化物，專
為大人所開發的蛀牙防護牙膏系列。
成人特有的牙齒補綴邊緣，以及因牙
齦退縮而外露的牙齒根部等位置，都
是需要強化蛀牙護牙的部位。除
了基本強化型之外，也有強化亮白與
敏感護理等不同類型。（医薬部外品）

歯質強化
強化牙本質型

美白
亮白型

センシティブ
敏感型

クリニカPRO ハミガキ ホワイトニング

ライオン
95g 650円

不只能清潔口腔細菌預防蛀牙，還能對付牙垢，號稱是目前日本唯一含有酵素成分的美白牙膏。搭配能去除牙齒表面黃漬的亮白成分，對於重視牙齒亮白度的人來說，是一款值得嘗試的新品。（医薬部外品）

Clean Dental

クリーンデンタル プレミアム

第一三共ヘルスケア
100g 1,680円

融合持續殺菌配方以及全面多效等兩大特色，堪稱是系列中齒槽膿漏預防型牙膏的巔峰之作。牙膏中的殺菌成分在漱口後，仍會停留於牙齦上發揮作用。主打能同時滿足預防牙周病、齒槽膿漏、牙齦發炎、蛀牙、口臭、敏感、牙結石及美白等十大機能。在刷完牙後，也能長時間維持口氣清新。（医薬部外品）

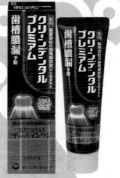

スッキリ塩味 經典鹹味

クールタイプ 舒暢涼感

Breath Labo

マルチ＋美白ケア

第一三共ヘルスケア
90g 880円

從生理性口臭與病理性口臭問題切入，專為口臭問題所研發的牙膏系列。添加薬用成分以及牙齒亮白成分，可在改善口氣問題的同時，解決牙齒色素沉澱與泛黃問題。（医薬部外品）

クリスタルクリアミント 清表涼感

マイルドミント 溫和涼感

NONIO

NONIO プラスホワイトニング ハミガキ

ライオン
130g 400円

能徹底清除引發口臭之細菌，終結口臭問題的牙膏系列。搭配獨家口氣清新成分，在刷完牙後，仍能長時間保持口氣芬芳。全系列推出不少版本類型，但近來銀色包裝的「終結口臭＋亮白照護型」，是最為熱銷的人氣指定款。（医薬部外品）

Clear Clean

ネクスデント 息キレイ

花王
110g 350円

同時強化預防蛀牙與維持口氣清新功能的牙膏。據説在日本，每5位媽媽中就有1位，覺得自己孩子有口氣不清新的問題，因此主打全家適用的花王ClearClean，便推出了這款雙效牙膏，不但能預防蛀牙，也能有效去除造成異味的口腔細菌，以達到長時間維持口氣清新的效果。（医薬部外品）

フレッシュミント
清新薄荷

アクアシトラス
水漾柑橘

CLINICA

クリニカアドバンテージ ＋ホワイトニング ハミガキ

ライオン
130g 330円

主打特色為添加1,450ppm高濃度氟化物，再搭配殺菌成分與牙垢分解酵素，是一款同時兼具強化預防蛀牙以及亮白牙齒的多功能牙膏。建議在刷完牙要漱口時，不要含太多水、也不要漱口太久，這樣才能讓氟化物有效包覆牙齒，預防蛀牙。（医薬部外品）

クリアミント
清新薄荷

シトラスミント
柑橘薄荷

168

口唇保養
口腔衛生・漱口水

PureOra
泡ハミガキ

花王
190mL 1,250円

不少人都有過這樣的經驗——在刷完牙後，依然覺得口氣不夠清新。其實這代表著異味可能來自於舌頭上的舌苔。對於不習慣刷舌苔的人來說，就很適合使用這款淨舌刷牙泡。只要將泡泡直接擠在舌頭上，並像漱口般，讓泡泡遍布於口腔和牙齒之間，最後再搭配牙刷清潔牙齒，就能同時做好牙齒、口腔與舌頭的清潔工作，使口氣更加清新。（医薬部外品）

フレッシュミントの香味
清新薄荷

マイルドグリーンの香味
溫和草本

エレガント フルーティミント
玫瑰花果香
無酒精

フレッシュ クリスタルミント
柑橘薄荷香
含酒精

SYSTEMA
システマ ハグキプラス
プレミアム デンタルリンス

ライオン
600mL 800円

主打可活化牙齦健康、強化預防牙周病機能的全方位口腔保養型漱口水新品。在使用感上，著重於使用前後的香氛體驗，所以同時推出無酒精成分的玫瑰花果香版本，以及清新感十足的柑橘薄荷香版本。（医薬部外品・液体歯磨）

シトラスミント
柑橘薄荷（無酒精）

ダブルミント
雙重涼感

Breath Labo
マウスウォッシュ
マルチケア

第一三共ヘルスケア
450mL 800円

一款強化改善口臭問題的漱口水。搭配長效殺菌配方，以及吸附異味分子成分，能徹底掃除口腔中的異味分子，長時間維持口氣清新。（医薬部外品）

PureOra
洗口液

花王
420mL 498円

可同時應對口臭、牙齦發炎以及口腔黏膩感的長效殺菌漱口水。在2022年秋季推出的新品中，業者加入創意巧思，全面採用更方便的特殊噴嘴，可透過擠壓瓶身的方式，將漱口水直接擠出，大幅提升了漱口水使用時的便利性。（医薬部外品）

グリーンミント
草本薄荷

ノンアルコール
無酒精型

口唇保養
唇部保養

ディープモイスチャーリップ メルティタイプ

ニベア花王
2.2g 545円

添加5種潤澤保濕成分，可深層滋潤乾燥粗糙雙唇的人氣護唇膏。採用高保水型融化配方，護唇膏在塗抹於雙唇時，會瞬間化為高潤澤油狀包覆雙唇，並發揮長時間的保濕作用。同時搭配維生素E與甘草酸，可安撫乾裂不穩的雙唇。（医薬部外品）（SPF26・PA++）

はちみつの香り／蜂蜜香

無香料／無香型

AYURA

モイストリップヴェール

アユーラ
10g 2,500円

採乳油木果油和角鯊烯等潤澤保濕成分為基底，再搭配多種彈潤及修復防乾裂成分，堪稱是美容液等級的護唇膏。質地濃密但滑順，可完整包覆雙唇每個角落，就連敏弱肌也能放心使用。

do organic

コンデンスト リップ バーム

ジャパン・オーガニック
2,500円

添加有機玄米與黑豆等植萃精華，並搭配嚴選植萃保養油的雙認證有機護唇膏。質地濃密、軟硬適中，能輕鬆塗抹潤澤雙唇。包裝沉穩有質感，搭配清新優雅的草本花香有機精油，堪稱是一款能提高時尚度的護唇單品。

DHC

薬用リップクリーム

DHC
1.5g 700円

熱銷超過1.6億條，日本藥妝店掃貨重點品項的殿堂級護唇膏。添加初榨橄欖油與蘆薈萃取物，能在雙唇表面形成潤澤膜，並散發出健康有活力的光澤感。上妝前後簡單一抹，就能持續滋潤雙唇。

DHC

薬用リップクリーム センシティブ

DHC
1.5g 750円

DHC殿堂級護唇膏的低敏版本。除原有的初榨橄欖油與蘆薈萃取物之外，更針對敏弱雙唇額外添加神經醯胺、荷荷芭油與乳油木果油等保濕潤澤成分，適合敏弱肌族群或是極度乾冷時使用。

PROUDMEN.

グルーミング
リップバーム

ラフラ・ジャパン
10g 1,500円

　包裝設計時尚的男性專用護唇膏。不僅潤澤，還能解決雙唇乾荒的問題。護唇膏本身帶有淡淡的柑橘薄荷香，使用後也較無黏膩感與油光感。

MOLENA

モレナビカナース

ゼリア新薬工業
3.5g 454円

　外觀就像護唇膏，卻是用來保養鼻下敏嫩肌膚的「人中膏」。添加抗發炎與潤澤成分，塗抹後不會泛油光。對於鼻子過敏、經常擤鼻涕的大小朋友來說，是一定要隨身準備的經典小物。

Deep Moist

メンソレータム
ディープモイスト

ロート製薬
4.5g 450円

　樂敦製藥的超人氣小護士高保濕護唇膏。添加玻尿酸、乳油木果油、荷荷芭油以及維生素E等多種潤澤成分，能有效滋潤乾裂雙唇。獨特的橢圓容器設計，不僅能快速塗抹，放在桌上也不會亂滾。若有防曬係數需求，建議可選擇深藍版。（医薬部外品）

無香料／無香版本
（SPF20・PA+）

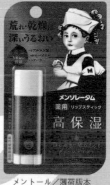

メントール／薄荷版本

特別推薦

推我血色護唇膏

KATE

パーソナルリップクリーム
09 クリア血色感 (SPF11)

カネボウ化粧品
3.6g 500円

　輕輕搽在雙唇後，會從透明無色變成健康唇色的變色護唇膏。宛如櫻花花瓣般的粉嫩唇色，能讓自然裸妝變得更加亮眼。質地相當滑順好搽，而且還能修飾雙唇上的縱向紋路。此外，還具備SPF11的防曬效果。雖然是唇彩產品，卻很推薦做為平時使用的護唇膏。

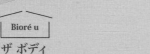

清々しい
ヒーリングボタニカルの香り
清新草本香

清潔感のある
ピュアリーサボンの香り
純淨皂香

Bioré u

ザ ボディ
泡タイプ ボディウォッシュ

花王
540mL 748円

採用獨家3層起泡網壓頭，能讓每一次擠出來的沐浴泡，都像是鮮奶油般滑順滑細緻。升級改版後的沐浴泡量，更是原本的1.5倍之多，極富彈力的高潤滑配方泡泡，能在不摩擦肌膚的狀態下，輕滑潔淨全身肌膚。

華やかな
ブリリアントブーケの香り
優雅花香

ディープクリア
深層潔淨型

AYURA

アロマティックウォッシュα

アユーラ
300mL 1,800円

採用胺基酸與植萃洗淨成分為基底，搭配米糠萃取物及吸附型玻尿酸等保濕成分的沐浴膠。以萊姆和香檸檬，調和出清新感十足，能療癒身心的香氣，對於重視高質感沐浴香氛的人來說，是相當值得入手的推薦單品。

Prédia

ファンゴ ボディソープ

コーセー
300mL 1,200円 / 600mL 2,000円

融合天然礦物泥、海洋深層水及獨特木調草本療癒香氛的沐浴乳。濃密的沐浴泡，能確實洗淨肌膚上的多餘皮脂和老廢角質，特別適合胸口或背部容易冒痘痘，或是膚觸粗糙的人使用。

MINON

全身シャンプー さらっとタイプ

第一三共ヘルスケア
450mL 1,400円

日本乾燥敏弱肌保養品牌所推出的清爽型沐浴乳，特別適合身體肌膚乾燥，以及皮脂分泌過剩引發痘痘問題的族群。泡沫容易沖淨，洗後無湿膩感，還帶有清新茶香，是敏弱肌沐浴品項中，少數帶有香味的產品。
（医薬部外品）

AHA

CLEANSING RESEARCH
ボディピールソープ

BCL
480mL 1,000円

添加柔化角質成分蘋果酸的角質調理沐浴乳。在2022年，推出了角質調理成分升級版本，對於容易堆積皮脂與老廢角質，摸起來顯得粗糙或容易冒痘痘的胸口、背部、手臂及臀部等部位，都具有相當優秀的潔淨力。水沖淨後感覺清爽不黏膩，也相當推薦男性使用。

DEOCO.

薬用ボディクレンズ

ロート製薬
350mL 1,000円

自上市以來就持續熱銷，專為女性體味問題所研發的抗菌抑味沐浴乳。添加抑菌抗發炎成分以穩定肌膚狀態，同時搭配白泥吸附肌膚上的異味分子，再加上獨特的清新花香，是一款在炎炎夏日裡，也能讓身體散發出清爽香氣的沐浴聖品。（医薬部外品）

hogusuu

マッサージボディソープ

クラシエホームプロダクツ
220g 900円

使用感不同於一般沐浴乳的沐浴按摩霜。利用質地濃密的乳霜按摩全身，會產生服貼於肌膚的細緻泡泡，相當適合一邊泡澡，一邊仔細按摩雙腿等疲勞了一整天的部位。乳霜中添加了4種收斂保濕成分，搭配具有層次，能使人徹底放鬆身心的草本花香，讓沐浴成為一天中最令人期待的美好時光。

Bioré GUARD

髪も洗える
薬用ボディウォッシュ

花王
420mL 880円

添加殺菌成分IPMP，可從頭洗到腳的全身用抗菌沐浴乳。在疫情持續不斷的情況下，對於重視自身清潔的人來說，很適合準備一罐放在浴室，方便外出回家後先徹底清潔全身抗菌一番。（医薬部外品）

hadakara

薬用デオドラントボディソープ

ライオン
500mL 650円

日本獅王於2016年推出的沐浴品牌。獨特的洗後滑順膚觸及保濕效果，使得產品甫上市便成為日本民眾的愛用品牌。這瓶薰衣草紫版本，除了保有原先的沐浴後保濕效果外，還添加能抑制異味的有效成分，特別適合在天氣熱、容易流汗的季節使用。（医薬部外品）

The Naive

ボディソープ
液体タイプ

クラシエホームプロダクツ
500mL 544円

堪稱日本沐浴乳國民品牌的Naive，在2022年推出的品牌巔峰之作。不僅起泡速度快，沐浴泡的綿密觸感更是加倍升級，讓人就像是被雲朵擁抱般，會想要一直一直的洗下去！香氣是高雅且具潔淨感的皂香，罐身在撕除外膜後，會搖身變成時尚感十足的仿石罐設計。

HONEYROA

シースクラブ
ボディウォッシュ

ハニーロア
500g 3,000円

融合兩種天然海鹽與蜂蜜的身體磨砂膏。為提升潔淨度與最佳按摩觸感，特別採用德島縣鳴門海峽的粗鹽以及長崎縣的細鹽，兩種大小不同的海鹽磨砂顆粒，能讓使用感更有層次。搭配產自北海道的洋槐蜂蜜與多種保濕潤澤成分，讓沖淨後的肌膚仍然保有極佳滋潤度。

ボタニカルハーブ
楊芬草本香

Bioré

ザ ハンド 泡ハンドソープ

花王
250mL 455円

提倡無摩擦洗手，添加抗菌成份，洗
去髒汙同時還能滋潤保養雙手肌膚的
洗手泡。採用花王獨家3層起泡網設計
壓頭，能輕鬆擠出宛如鮮奶油般綿密
滑順且具有彈力的洗手泡。同時推出3
款不同香味，讓日常的洗手習慣也能
變得更加優雅愉悅。（医薬部外品）

シフォンローズの香り
絲柔玫瑰香

シャインシトラスの香り
陽光柑橘香

Bioré u

泡スタンプハンドソープ

花王
250mL 598円

只要輕輕一壓，就能將可愛的抗菌泡
泡擠到手掌心的洗手泡泡罐。採獨特
壓頭設計，可擠出花朵或動物肉球造
型的洗手泡，不僅能讓小朋友養成洗
手好習慣，就連大人看了也會覺得開
心。（医薬部外品）

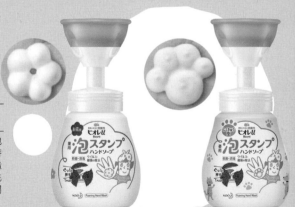

お花型
小花泡泡罐

にくきゅう型
肉球泡泡罐

174

do organic

ハンドクリーム

ジャパン・オーガニック
50g 1,800円

主打添加天然穀物保濕萃取成分與植萃精油的護手霜。搭配鎖水成分神經醯胺，可發揮優秀的保濕潤澤能力。質地雖然濃密，但在獨特的白米粉末包裹之下，能讓塗完護手霜的肌膚呈現出絲綢般的滑順清爽感。

インビガレーティング ガーデン
清新草本花香調

ファシネーティング ブルーム
華麗甜蜜花香調

HONEYROA

ビーキーパー ハンドエッセンス

ハニーロア
40mL 2000円

以北海道的洋槐蜂蜜及青森蘋果果實水為基底，搭配多種維生素與自然保濕成分的護手產品。從整體成分來看，和一般臉部肌膚保養品可說是等級相當。不同於一般護手霜，採用獨特的噴霧型態，能快速滲透並滋潤雙手，使用感也格外清爽。添加香檸檬精油，使用起來帶有清爽舒壓的香氣。

AYURA

アロマハンド

アユーラ
50g 1,800円

添加潤澤表現優秀的吸附型玻尿酸及乳木果油，並搭配柔軟保濕成分來應對手指容易乾裂粗糙的問題。清新且有記憶點的層次草本香，也能讓人在使用時感到格外愉悅放鬆。

Coen Rich The Premium

薬用CICAリペア ハンドクリーム

コーセーコスメポート
60g 880円

添加時下的話題修復成分CICA，同時搭配多種消炎與乾荒預防成分的修復型護手霜。強化美容油潤澤配方，相當適合雙手反覆嚴重乾裂的人使用。（医薬部外品）

Coen Rich The Premium

薬用リンクルホワイト ハンドクリーム

コーセーコスメポート
60g 880円

不只是潤澤，還能對付雙手細紋及斑點問題的美肌型護手霜。添加熱門撫紋成分菸鹼醯胺以及多種潤澤保濕成分，質地相當濃密，非常適合雙手明顯乾燥的人使用。（医薬部外品）

Bub

MIRAI beauty つるすべ肌

花王
600g 1,800円

讓泡澡不只是泡澡，還能提升全身肌膚清透感的未來美肌泡澡粉。添加白泥、維生素C、玫瑰果萃取物以及潤澤美廢油，能在泡澡的同時，改善因老廢角質堆積所造成的粗糙問題。在調香方面也相當講究，同時融合兩種人氣香氛成分，打造出優雅且具層次感的香味，讓泡澡成為最佳日常享受。

ネロリ
＆ゼラニウムの香り
橙花＆天竺葵花香
湯色·乳白色

ベルガモット
＆カモミールの香り
香檸檬＆洋甘菊花香
湯色·乳白色

AYURA

メディテーションバスt

アユーラ
300mL 2,000円

誕生於1995年，以「前所未有的香氛」為概念所研發的入浴劑。融合紫檀、迷迭香及洋甘菊等能夠安撫鎮定情緒的精油成分，香氛表現極富東方禪意，能讓人在泡澡時，就像進入了冥想狀態般深度放鬆。

東方草本香
湯色·乳白色

MINON

薬用保湿入浴剤

第一三共ヘルスケア
480mL 1,400円

採用胺基酸保濕成分，專為敏弱肌所研發的低敏業用入浴劑，特別適合肌膚乾荒與濕疹族群。帶有舒服的草本花香味，全家無論男女老幼皆可使用。(医薬部外品)

草本花香
湯色·乳白色

GERMA BATH

リラク泉 ゲルマバス

石澤研究所
25g 260円 / 500g 4,500円

主成分是具有溫浴效果的有機鍺，搭配兩種天然浴鹽及辣椒素萃取物，能促進泡澡時的發汗作用。據說只要浸泡20分鐘，就等同於有氧運動2小時的效果。由於在日本愛用者眾多，所以還特別推出500公克大容量優惠桶裝版本。

硫磺泉香
湯色·透明

森林木調
湯色:乳白色
/////////////

リラク泉 ゲルマバス 塩サウナ

石澤研究所
40g 260円

有機鍺溫浴鹽的香氛版本。除主要成分有機鍺之外，還添加大量富含礦物質的天然海鹽，並融合白樺與辣椒素萃取物。溫浴鹽本身帶有清新木調香，讓人感覺就像是在靜謐的森林中泡澡般放鬆。

睡眠美容

安眠ちゃん

石澤研究所
50g 180円

專為忙碌而睡眠品質差的現代人所設計，同時兼具美肌與促進好眠效果的入浴劑。以富含礦物質的天然海鹽為基底，同時推出搭配大量維生素B2、帶有微甜乳香成分的牛奶浴版本，以及可安撫身心的薰衣草版本。

ミルク
牛乳香:乳白色
/////////////

ラベンダー
薰衣草香:透明藍
/////////////

塩ぽかぽかの湯 暖身鹽湯
:手腳冰冷、肩頸僵硬、疲勞
芳醇木調:白濁色
/////////////

石澤研究所

温泉撫子

石澤研究所
50g 200円

來自毛孔保養專家毛穴撫子的姐妹品牌。針對不同肌膚困擾，開發出3種基底素材與香味各不相同的入浴劑。只要在浴缸中倒入一包，就能立即享受舒服的居家溫泉浴。

重曹つるすべの湯 滑嫩小蘇打湯
訴求:肌膚粗糙、痘痘肌、濕疹
芳醇木調:透明
/////////////

お米しっとりの湯 滋潤米湯
訴求:肌膚乾燥、粗荒、乾裂
清新花調:乳白色
/////////////

177

清新草本
透明黑

旅の宿

贅沢アソート

クラシエホームプロダクツ
(粉)25g×7包+(錠)40g×6錠 548円

以溫泉之旅為主題，帶有懷舊氣氛與香氛的「旅之宿」，在華人圈是相當受到喜愛的入浴劑系列。在2022年秋季所推出的新品，是市面上相當少見的「泡澡粉」與「碳酸泡澡錠」組合包，可同時滿足不同的入浴體感，在家享受偽出國溫泉之旅。(医薬部外品)

Bub

オフロでオフ

花王
40g×12錠 498円

不僅能溫熱身體、緩解疲勞，還能為全身肌膚「卸妝」的碳酸泡澡劑。添加皮脂吸附粉末、炭粉與小蘇打，能在泡澡的同時，順便帶走那些卡在皮膚上，容易散發出異味、黏膩感的汗水和多餘皮脂。泡完澡後，肌膚會顯得格外清爽滑順，特別適合在流汗後使用。

Bub

MONSTER BUBBLE

花王
70g×6錠 900円

在疫情之下，日本有愈來愈多年輕人喜歡在家裡泡澡，然後一邊聽著音樂或看書追劇。在這股新泡澡風潮下，花王Bub推出體積加大、碳酸發泡力也大大升級的泡澡劑。在包裝設計方面，更是完全跳脫傳統風格，充滿活潑躍動感。(医薬部外品)

かろやかDAYS(輕快DAYS)
香味：草本柑橘香
湯色：透明黃

NIGHTモード(夜晚MODE)
香味：木調薰衣草
湯色：乳紫色

スッキリFREE(爽快FREE)
香味：醒腦柑橘香
湯色：透明紅

Bub
メディキュア

花王
70g×6錠 780円

碳酸力強化10倍，還添加高麗人參作為保濕成分的碳酸泡澡錠加強版。針對不同泡澡需求，推出以下3種類型：橘色是為久站引起的足腰疲勞問題所開發的「按摩浴」；紫色是採用保溫薄膜技術的「溫感浴」；藍色是專為運動後消除疲勞所設計、略帶薄荷舒暢涼感的「爽快浴」。（医薬部外品）

温もりナイト（溫感浴）
香味：薰衣草雪松
湯色：乳茅色

ほぐ軽スッキリ（按摩浴）
香味：清新草本
湯色：透明茅

爽快リカバリー（爽快浴）
香味：涼爽草本
湯色：透明茅

森林の香り（沉靜森林香）
湯色：透明茋綠

Bub
メディキュア

花王
70g×6錠 600円

主打能夠提升溫浴效果的花王Bub碳酸泡澡錠加強版。泡澡錠尺寸更大、發泡力更強，只要投入浴缸水中，就能釋放出10倍量的高濃度碳酸泡。搭配獨特的溫泉湯浴成分，讓身體在出浴後，也能持續處於舒服溫暖的狀態。（医薬部外品）

柑橘の香り（舒緩柑橘香）
湯色：透明橘茅

花果実の香り（華麗花果香）
湯色：透明粉紅

179

洗潤護髮

SCALP-D BEAUTÉ

for WOMEN

薬用スカルプシャンプー・薬用トリートメントパック　ボリューム

アンファー
各350mL 3,612円

著重女性頭皮環境健康度與掉髮問題，採用3種豆乳發酵精華、膠原蛋白與10多種頭皮&頭髮養護成分的洗潤系列。在2022年春季最新改版中，特別強化呵護頭皮角質保護疊層結構健康度，以滿足韌勁、光澤、不毛躁等三大女性美髮需求。（医薬部外品）

SCALP SHAMPOO
洗髮

TREATMENT PACK
頭皮養護髮膜

SCALP-D

for MEN

薬用スカルプシャンプー・パックコンディショナー

アンファー
各350mL 3,612円

主打重塑健康頭皮環境，SCALP-D系列累積銷量超過2,800萬瓶，連續13年拿下男性洗護髮類別銷售冠軍的洗護系列。添加多種頭髮柔化成分與7種頭皮&頭髮健康維持營養成分，適合重視頭皮健康狀態以及有掉髮問題的男性使用。最新一次改版，將包裝改成可以直接將補充包安裝上壓頭的組合版本，實現垃圾減量的目的。（医薬部外品）

OILY
油性頭皮用洗髮精

DRY
乾性頭皮用洗髮精

PACK
頭皮養護髮膜

ROSE SCALP

薬用ソープオブヘア・
1-ROスキャルプ
薬用トリートメントオブヘア・
2-ROスキャルプ

Of cosmetics
(洗)265mL 3,800円
(潤)210g　3,800円

各別採用20多種和・漢・洋植萃保濕成分的薬
用洗護系列，可同時提升頭皮健康度與髮絲強
韌度。添加薬用成分甘草酸二鉀，可輔助改善
頭皮癢及頭皮屑等問題。以百葉薔薇精油為基
底，再搭配多種天然精油，調和出優雅華麗、
氣質出眾的玫瑰香氛。瓶身上的數字，代表使
用的順序。（医薬部外品）

RiUP

リアップエナジーPROTECT
薬用スカルプシャンプー・
薬用スカルプ
パックコンディショナー

大正製薬
400mL 3,610円

專為男性頭皮的頑固皮脂堆積問題所
研發，能有效潔淨並打造健康頭皮環
境的洗護系列。採用獨特洗淨技術，
輕輕鬆鬆，就能搓出極為綿密且帶有
清新草本香氣的泡泡，可徹底潔淨男
性特有的頭皮油臭味。添加5種毛髮養
護成分，在洗淨頭皮的同時，還能讓
髮絲更加強韌豐盈。（医薬部外品）

DRY
乾性頭皮用洗髮精

PACK
頭皮養護髮膜

STRONG OILY
超油性頭皮用洗髮精

(洗)クロミツスカルプシャンプー
(護)クロミツスカルプトリートメント

ハニーロア
(洗)400mL 3,200円
(護)220g　3,400円

添加珍稀黑蜂蜜，能調節頭皮健康狀態的頭皮養護洗護系列。不只潔淨髮絲，更著重於頭皮健康養護。能確實清除阻塞頭皮毛孔的多餘皮脂，同時透過獨特的黑蜂蜜滋養成分，幫助頭皮回復原有防禦力，調節皮脂分泌狀態。使用起來帶有舒服的蜂蜜與柑橘草本香氣。

美髮同源

炭シャンプー・
炭トリートメント

石澤研究所
(洗)250mL 1,700円
(潤)240g　1,700円

原本已於2019年停止生產，但在愛用者千呼萬喚下，於2022年重新問世的炭洗潤系列。利用炭能吸附髒汙以及所含的礦物成分，可在潔淨頭皮的同時，深層潤澤乾燥分岔的髮絲。黑色洗髮精與潤髮乳是炭本身的顏色，在洗潤髮時不會弄黑雙手。

THE PREMIUM
エクストラダメージケア
シャンプー・コンディショナー
（シルキースムース）

クラシエホームプロダクツ
(洗)480mL 900円
(潤)480g　900円

專為日常吹整的受損髮絲所研發的洗潤系列。採用米糠發酵精華液與多種獨家和風花草萃取物，能從受損髮絲根源集中修復，讓洗後的秀髮更顯滑順清爽。添加八重櫻香氛成分，能帶來在春日下賞櫻的舒暢感。

merit

THE MILD
泡シャンプー・
泡コンディショナー

花王
(洗)540mL 900円
(護)540mL 900円

不只是洗髮精，就連護髮乳都能簡單擠出變成泡泡。濃密的洗髮泡，能在不過度摩擦頭皮的狀態下，確實清潔頭皮與髮絲。此外，充滿全新感受的護髮泡，能輕鬆快速完整包覆所有髮絲，而且也比傳統護髮乳更容易沖洗乾淨。對於還不太會搓泡泡的小朋友來說，也是一組相當方便的洗潤好幫手。

スムース＆スリーク
シャンプー・
ヘアコンディショナー

コーセーコスメポート
(洗)480mL 780円
(潤)480mL 780円

採用植物來源的溫和洗淨成分，搭配多種修復受損髮絲養護成分的植萃系洗潤系列。利用濃密植萃成分打造水膜效果，讓洗後的髮根到髮尾，都能呈現有如剛上完美沙龍般的光澤水潤感。

洗潤護髮

ファンゴ ヘッドクレンズ SPA+

コーセー
500g 3,500円

採用兩種天然海泥，搭配獨特潔淨成分的無泡沫頭部SPA霜，可同時潔淨頭髮及頭皮毛孔。在使用時，能體驗到一股舒服的沁涼感，而且還帶有療癒身心的木調草本香。兼具洗髮及潤髮作用，適合每週1～2次用來按摩頭皮及保養髮絲，取代日常的洗潤髮步驟，幫助頭皮回到健康有彈性之狀態。

クレンジングオブスキン・01

Of cosmetics
220g 3,400円

不只是頭皮，還能用來潔淨臉部及全身肌膚的深層清潔泥。搭配4種不同的潔淨泥成分，可發揮優秀的皮脂吸附與毛孔清潔效果。香味是以柑橘類為主調，再搭配麝香、羅勒芫荽精油，打造出無論男女都能接受的清爽香氛。可視自身皮脂分泌狀態，選擇每天使用，或是每週使用2～3次做為強化保養。

REGRO

シャンプー

ロート製薬
320mL 1,400円

日本樂敦男性養髮液品牌旗下的頭皮養護洗髮精。強化頭皮皮脂潔淨能力，同時搭配多種植萃保濕成分以及抗菌、抗發炎藥用成分，藉此打造出健康的頭皮環境，並提升後續養髮液等養護成分的滲透力。

PROUDMEN.

グルーミング
スカルプシャンプー

ラフラ・ジャパン
300mL 2,500円

採用胺基酸潔淨成分，使用起來帶有舒服清涼感的無矽靈洗髮精。不只能改善頭皮出油與頭皮屑問題，獨特的消臭成分與獨家香氛，還能解決男性特有的頭皮異味困擾。

洗潤護髮
護髮品

HONEYROA
ミルクコーター

ハニーロア
150mL 2,400円

就連日本毒舌美妝雜誌也給好評，能夠修復受損髮絲，使其散發出健康光澤的護髮乳。融合蜂蜜、卵殼膜以及牛奶等天然保濕修復成分，只要在吹乾頭髮前輕輕一抹，就能保護頭髮不受熱風吹整傷害。此外，也可以在出門前直接用來當作造型品，搞定不聽話的亂翹髮絲。

ICHIKAMI
THE PREMIUM 4Xシャインシェイク 美容液オイル

クラシエホームプロダクツ
60mL 1,800円

市面上相當少見的4層護髮油，同時融合「導入吸收」、「修復受損髮絲」、「提升滑順觸感」以及「抵禦熱風吹整傷害」等四大機能的精華油，能在呵護受損髮絲的同時，將水分牢牢鎖入秀髮之中。香味則是清新舒暢的八重櫻花香。

Essential THE BEAUTY
髮のキメ美容 ウォータートリートメント

花王
200mL 1,200円

能夠打造滑順清爽觸感的護髮精華水。添加美髮重點成分「18-MEA」，並搭配水解膠原蛋白和乳酸等保濕成分，能在替頭髮補充美容成分的同時，於髮絲表面形成一道水潤薄膜，讓頭髮摸起來更加絲滑柔順。使用後還能加快吹乾頭髮的速度，防止因過度吹整對髮絲造成傷害。

Essential THE BEAUTY
髮のキメ美容 プレミアムヘア オイル

花王
60mL 880円

只要在睡前輕輕一抹，隔天髮絲就會從頭到尾散發出光澤感及滑順感的修復護髮油。強化高修護力以及預防熱風吹整傷害，特別適合用來解決髮尾因乾燥或外在環境傷害而分岔的問題。

BIOLISS BOTANICAL
トリートメントミルク (スリークストレート)

コーセーコスメポート
100mL 880円

採用冷萃有機荷荷芭油與摩洛哥堅果油為基底，再搭配8種植萃保濕潤澤成分的護髮乳。使用起來帶有微甜的花果香，能迅速滲透髮絲，讓秀髮顯得更加絲滑直順。

6
CHAPTER

日本藥妝須知小辭典

日本購物消費稅退稅規定及方法

規定修改後

| 免稅店 | 短期滯留旅客 | 稅 關 |

國內　國外

購物時　出示護照等資料
回國時　出示護照等資料
離境

廢除先前的購入簽名等手續

PASSPORT

提供購入紀錄資訊(電子化資料)　國稅系統

退稅物品定義

一般物品:使用後**不會減少**的商品

家電產品、衣服、包包等物品

● 稅前5,000日圓以上可退稅。
● 退稅後不需特殊包裝，在日本國內可以使用。
● 簽證期限內帶離日本。

消耗品:使用後**會減少**的商品

食品、飲料、藥品、化粧品以及筆類等

● 稅前5,000~50萬日圓可退稅。
● 需以特殊包裝封存，日本國內禁止使用。
● 30天內帶離日本。

一般物品及消耗品的消費金額可**合併計算**

　+　

可退稅的商品合併計算

● 合計稅前5,000~50萬日圓可退稅。
● 需以特殊包裝封存，日本國內禁止使用。30天內帶離日本。

持有短期簽證者於日本購物

購買物品	一般物品	消耗品	一般物品+消耗品
退稅門檻	未稅價格5,000日圓以上	未稅價格5,000日圓以上且不超過50萬日圓	未稅價格5,000日圓以上且不超過50萬日圓
特殊包裝	不需特殊包裝	需特殊包裝	需特殊包裝
使用限制	日本國內可用	日本國內不可用	日本國內不可用
帶出國期限	簽證期限內帶離日本	30天內帶離日本	30天內帶離日本
注意事項	一般物品購買超過100萬日圓以上需影印護照證件留底。	請勿在日本國內使用。如離境前拆開特殊包裝,則無論使用與否,都可能被稅關處要求補稅。	

註1:退稅商品需帶離日本、若是商務或銷售目的之商品不能退稅、
請在購買的店家進行退稅、且需在購買當天辦理退稅手續。
註2:最新退稅規定請參考:消費稅免稅店サイト
https://www.mlit.go.jp/kankocho/tax-free/about.html

日本離境搭機托運行李規定—保養品及OTC相關

- 內含引火性液體、高壓氣體，但不含毒性的①保養品 ②OTC醫藥品 ③高壓噴霧。只要是上面的「危險物品」，都要依照單一物品0.5L／0.5kg以下，①＋②＋③之總量不得超過2L／2kg的規範。

- 簡而言之可分為三種情況：
  - A 高壓氣體噴霧罐的化妝水及醫藥品 →受規範商品。
  - B 液態保養品、醫藥品。不是使用高壓氣體噴霧罐，但是含有引火性液體→受規範商品。
  - C 液態保養品、醫藥品，非高壓氣體噴霧罐，不含有引火性液體，且不含危險性成分例如毒性或是腐蝕性等液體→不受規範商品。

註：一般化粧品之中，部分產品因添加的酒精比例較高，若被認為具有引火性時，也會被視為危險物品。

保養品及OTC相關日本離境搭機托運行李規定

高壓氣體噴霧罐	保養品	醫藥品
●含引火性液體、不含毒性 ●屬於危險物品 ●單品0.5L或0.5kg以下	●含引火性液體或高壓氣體、不含毒性 ●屬於危險物品 ●單品0.5L或0.5kg以下	●含引火性液體或高壓氣體、不含毒性 ●屬於危險物品 ●單品0.5L或0.5kg以下

☆ 以上三種物品總量不得超過2L(或2kg)

液態保養品、醫藥品	●不含引火性液體及高壓氣體、不含毒性 ●屬於一般物品 ●不受規範商品

註: 含毒性商品、如漂白水等禁止攜帶。
最新資訊請詳閱—日本国土交通省—航空機への危険物の持込みについて
https://www.mlit.go.jp/koku/15_bf_000004.html

日本藥用化粧品&化粧品之定義

☆ 以下定義為日本之規範定義

医薬部外品／薬用化粧品

雖然不是醫藥品，但對人體卻具有特定緩和作用的商品。例如，添加特定有效成分，在日本可宣傳「預防痘痘」、「預防日曬形成之黑斑與雀斑」以及「具殺菌作用」等改善作用訴求的保養品，都可列為「医薬部外品」。另一方面，許多保養品上都會標示「薬用」，其實這也是「医薬部外品」的意思。在日本藥事法規修訂之下，藥妝店中常見的育毛劑、染髮劑、薬用化粧品以及添加尿素或維生素成分的乳霜、護手霜，也都被歸類在「医薬部外品」當中。※ 薬用≠藥用

化粧品

對人體具備特定舒緩作用，主要用於保養與保護皮膚、頭髮以及指甲等部位，或是具備染色與賦香作用的商品。相對於「医薬部外品」，分類為「化粧品」的商品，通常是用以清潔、美化、保健及提升魅力，因此無法宣稱具有預防特定機能的效果。

日本的OTC醫藥品制度

何謂OTC医藥品(非處方藥)

一般民眾不需處方箋，就能在藥局或藥妝店等地方購買的醫藥品。其名稱來自英文的「Over-The-Counter Drug」，也就是放在櫃檯後方，由藥劑師拿取交付給消費者的醫藥品。在日本，除了放置於櫃檯後方的醫藥品之外，擺放在藥妝店當中的一般市售藥物，也都稱為OTC医藥品。根據成分特性及使用風險等條件不同，目前日本藥妝店裡的OTC医藥品，可分為以下幾種類型。

要指導医藥品

在日本首次以OTC医藥品的類別上市，使用上需特別注意的醫藥品。購買時，必須有藥劑師當面解說藥物特性，同時提供該醫藥品的相關書面文件。基於以上前提，「要指導医藥品」並無法透過網路購買。一般而言，此類藥品會放在民眾無法自行拿取的地方。若是藥劑師下班，或是該藥妝店沒有藥劑師執業，便無法銷售此類藥物。

一般用医藥品

第1類医藥品

副作用或交互作用等藥物使用安全性需要特別注意的醫藥品。由於「第1類医藥品」和「要指導医藥品」一樣，購買時需要先由藥劑師進行詳細說明，因此沒有藥劑師執業的藥妝店便無法銷售。另一方面，若藥劑師已經下班，此類藥物的陳列貨架上，通常會有黑布或擋板遮蓋而無法銷售。

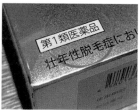

一般用医薬品

副作用或交互作用等藥物使用安全性需要留意的醫藥品。在「第2類醫藥品」當中,部分醫藥品分類標示為②或②,這些醫藥品又被稱為「指定第2類医薬品」。一般來說,主要的感冒藥、止痛退燒藥等日常生活中常見的醫藥品,大多都歸類在此類型之中。

一般用医薬品

副作用或交互作用等相關注意事項不在「第1類醫藥品」與「第2類醫藥品」之中的其他OTC醫藥品。一般來說,常見「第3類醫藥品」包括大部分眼藥水、維生素製劑以及口唇用藥。

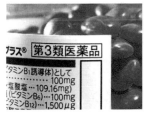

藥妝店採購相關入台規定

🔵 西藥

非處方藥(OTC)： 非處方藥每種至多12瓶（盒、罐、條、支），合計以不超過36瓶（盒、罐、條、支）為限。

處方藥／一般處方藥： 處方藥未攜帶醫師處方箋（或證明文件），以2個月用量為限。攜帶醫師處方箋（或證明文件）者，不得超過處方箋（或證明文件）開立之合理用量，且以6個月用量為限。

🔵 錠狀、膠囊狀食品

錠狀、膠囊狀食品，每種至多12瓶（盒、罐、包、袋），合計以不超過36瓶（盒、罐、包、袋）為限。

🔵 隱形眼鏡

隱形眼鏡單一度數上限60片，惟每人以單一品牌及2種不同度數為限。

Oh!

藥妝店採購相關入台規定

類別	成藥	錠狀、膠囊狀食品	特定用途化粧品	隱形眼鏡
說明	非處方藥	維生素、健康輔助食品等。	原稱「含藥化粧品」防曬、染髮、制汗抑臭、燙髮、牙齒美白劑等。	近視、遠視、亂用以及放大片。
限量	非處方藥每種最多12原包裝，合計以不超過36原包裝為限。	每種至多12原包裝，合計以不超過36原包裝為限。	每種至多12原包裝，合計不超過36原包裝為限。	單一度數60為限，單一品牌種度數為限。
限制	限自用	限自用	限自用、一體成形之玻璃安瓶(AMPOULE)容器禁止使用，且不得攜入。	限自用

台灣特定用途化粧品
定義及相關規定

● 特定用途化粧品：原含藥化粧品
　常見為防曬、染髮、制汗抑臭、燙髮、
　牙齒美白劑等。

● 輸入依化粧品衛生安全管理法第五條第
　一項公告應申請查驗登記之特定用途化
　粧品，其供個人自用者，每種至多十二
　瓶（盒、罐、包、袋），合計以不超過
　三十六瓶（盒、罐、包、袋）為限，得
　免申請查驗登記，但不得供應、販賣、
　公開陳列、提供消費者試用或轉供他
　用。

● 「玻璃安瓶(AMPOULE)容器不得作為化
　粧品容器使用」，故進口化粧品之包裝
　如為玻璃安瓶(AMPOULE) 容器者，不得
　進口。前揭玻璃安瓶包裝，係指「一體
　成形」、「折斷式」之「玻璃密封」容
　器。

輸入特定用途化粧品供個人
自用免申請查驗登記之限量

化粧品 管理分類	一般化粧品	特定用化粧品 (原:含藥化粧品)
原規定	免申請	須申請專案核准
新規定	免申請	免申請專案核准 ※每種最多12樣，合計不超過36樣。

註1：以個人自用免查驗登記輸入之特定用途化粧品，不得供應、販售、公開陳列／供
　　消費者試用或轉供他用。
註2：最新資訊請參考：全國法規資料庫。
　　https://law.moj.gov.tw/LawClass/LawAll.aspx?pcode=L0030013

Drugstore 藥妝店
& Variety shop 美妝店

ドラッグストア & バラエティショップ

在日本，「**藥妝店**」與「**美妝店**」的最大差異，就在於店內是否販售「**藥品**」。有些廠商在產品上市時，可能會選定只走「**美妝店**」亦或是同時於「**藥妝店**」販售的行銷策略，因此在產品鋪貨品項上也會有所不同。這次，日本藥粧研究室特別走訪街頭，為大家介紹幾間最常見的「**藥妝店**」和「**美妝店**」，提供讀者在購物時作為參考。

藥妝店

ドラッグストア（Drugstore）字面上的意思為「**藥局**」，有些地方也稱之為「**ファーマシー(Pharmacy)**」，而在販售OTC醫藥品的同時也有販售美妝品的，便被稱為「**藥妝店**」。日本常見藥妝店又可大致分為「**產品齊全型**」、「**價格友善型**」以及「**地點優勢型**」等不同特色。近年來，就連家電賣場也有部分分店開始拓展藥妝相關業務，因此，也可將其視為藥妝店成員之一。

價格友善型

ダイコクドラッグ Daikoku Drug

蹤跡遍布日本全國，特明星熱銷商品驚喜價策超級吸睛，是眾多觀光撿便宜的重點藥妝連鎖

オーエスドラッグ OS DRUG

日本藥妝通聊起「最便宜的藥妝店」時，通常第一個就會想到它！知名度非常高，雖然目前依舊沒有退稅，但價格友善到連在地日本人都會特地跑去購買。

ディスカウントドラッグストア コスモ Discount Drugstor COSMOS

重點人氣商品破盤價超睛！是發跡自九州的藥連鎖黑馬，其搶眼的桃色招牌相當好認。

產品齊全型

アインズ＆トルペ
AINZ&TULPE

來自北海道的藥妝連鎖店，近幾年積極進軍關東地區，雖然表參道上的店舖已經結束營業，但在東京的新宿、原宿、自由之丘以及銀座等血拚熱點仍然都設有分店！

スギ薬局
Sugi Drug

一般市區較為少見，主客群仍以日本當地人為主，因此想觀察在地日本人愛用品項的，非常適合來這裡走走逛逛。

ココカラファイン
Cocokara Fine

於2021年10月與松本清合併，因此許多松本清限定商品也能在這邊找到。

ウエルシア薬局
Welcia
DRUGSTORE

品項齊全，但在市區相對少見的連鎖藥妝店。口前在新宿西口的大十字路口上，設立了一間占地廣大且品項齊全的新門市。

ドン.キホーテ
Don Quijote

海外以「Don Don Donki」之名展店之前，常被稱為驚安殿堂，也就是大家再熟悉不過的唐吉訶德。其實不只零食雜貨，這裡也有蠻多有趣的藥妝值得前來挖寶。

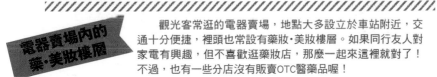

**電器賣場內的
藥•美妝樓層**

觀光客常逛的電器賣場，地點大多設立於車站附近，交通十分便捷，裡頭也常設有藥妝•美妝樓層。如果同行友人對家電有興趣，但不喜歡逛藥妝店，那麼一起來這裡就對了！不過，也有一些分店沒有販賣OTC醫藥品喔！

ビックカメラ
BIC CAMERA

ヨドバシカメラ
Yodobashi Camera

ヤマダ電機
YAMADA DENKI

マツモトキヨシ
Matsumoto Kiyoshi

在日本全國各地幾乎都能見到的連鎖藥妝店，可說是認知度與知名度最高的藥妝店之一。近年來也插旗台灣，積極拓展事業版圖中。

コクミンドラッグ
KoKuMiN Drug

常見於商店街或車站建築內的藥妝連鎖，對於許多日本通勤族而言，算是相對方便的藥妝店。

サンドラッグ
SUNDRUG

在許多鬧區主要街道或商店街都可見到的藥妝連鎖。部分門市會專為觀光客設計特別的滿額折扣活動。此外，店內的自主企劃商品也頗受顧客喜愛。

美妝店

バラエティショップ（Variety Shop）字面上的意思為「雜貨專賣店」，因此除了美妝品，其實也常伴隨販售生活用品等產品，但因為美妝的熱門程度，也出現了@cosme STORE這一類的美妝品專賣型態的店舖。

プラザ
PLAZA

擁有品項齊全的Sabor早安面膜等BCL旗下美保養品，且經常推出卡人物聯名限定款或主題定款。此外，歐美系新也相當多，非常適合前挑選具有特色的禮物。

ロフト
LoFt

不只是美妝保養品，其實LoFt最引以為傲的強項，就是種類多到令人眼花撩亂的文具。對於文具迷來說，根本是個走進來就很難走出去的禁地啊！

ハンズ
HANDS

除美妝品之外，家飾DI手工藝相關道具十分豐且齊全，很適合喜歡DI手工藝的人前來挖寶。

註：HANDS因更改營運公司，今陸續將店鋪招牌變更為新的商標

コスメキッチン
Cosme Kitchen

集結來自全球各地的自然派與有機保養品。若你同樣也追求自然無負擔的保養風格，相信這裡會是很棒的新天地。

アットコスメストア
@cosme STORE

門市內許多陳列架是以行榜形式設計。強調合滿意後再購買的銷售式，因此門市內眾多都備有試用品，而且置了洗手台等設備，說環境可說是相當貼心。

這十年我們一起買過的美研購

2012

2013

2014

2015

2016

2017

2018

2019

2020

國家圖書館出版品預行編目資料

現在就出發！日本藥妝店大攻略 / 鄭世彬著．——初版——
新北市：晶冠，2023.01
面；公分．——（好好玩；17）

ISBN 978-626-95426-8-0（平裝）

1. 化粧品業 2. 美容業 3. 購物指南 4. 日本

489.12   109008890

好好玩 17

日本藥妝美研購7
現在就出發！日本藥妝店大攻略

作　　者	鄭世彬//日本藥粧研究室
行政總編	方柏霖
副總編輯	林美玲
彩妝顧問	黑澤幸子
校　　對	鄭世彬、林建志//日本藥粧研究室、林雅慧
美術設計	黃木瑩
攝　　影	林建志//日本藥粧研究室
出版發行	晶冠出版有限公司
電　　話	02-7731-5558
傳　　真	02-2245-1479
E-mail	ace.reading@gmail.com
部 落 格	http://acereading.pixnet.net/blog
總 代 理	旭昇圖書有限公司
電　　話	02-2245-1480（代表號）
傳　　真	02-2245-1479
郵政劃撥	12935041 旭昇圖書有限公司
地　　址	新北市中和區中山路二段352號2樓
E-mail	s1686688@ms31.hinet.net
旭昇悅讀網	http://ubooks.tw/
印　　製	大鑫印刷廠有限公司
定　　價	新台幣399元
出版日期	2023年01月　初版一刷
ISBN-13	978-626-95426-8-0

日本お問い合わせ窓口
株式会社ツインプラネット
担当：芦沢
電話：03-5766-3811　　Mail：info@tp-co.jp